航空复合材料鉴定

THE QUALIFICATION OF AERONALTICAL COMPOSITES

陈 舸 著

西北工業大學出版社

西 安

【内容简介】 本书详细描述了复合材料鉴定的过程，包括工艺能力鉴定、预生产制造、预生产验证、首件鉴定、重复鉴定等阶段，复合材料试验方法，以及制件使用中期和后期的维修、维护中的鉴定。由于引入了统计控制、破坏试验等手段，鉴定体系能够真实反映复合材料制件的性能。这种鉴定体系能够推广到其他特种工艺项目上。

本书适合对复合材料设计和制造有一定知识储备的科技人员，尤其适合航空复合材料设计人员、制造人员、维修维护人员阅读，同时本书也可供特种工艺控制的从业人员借鉴、参考。

图书在版编目(CIP)数据

航空复合材料鉴定 / 陈舸著. —西安 ：西北工业大学出版社，2023.12

ISBN 978-7-5612-9106-1

Ⅰ. ①航… Ⅱ. ①陈… Ⅲ. ①航空材料-复合材料 Ⅳ. ①V25

中国国家版本馆 CIP 数据核字(2023)第 231587 号

HANGKONG FUHE CAILIAO JIANDING

航空复合材料鉴定

陈舸 著

责任编辑：胡莉巾	**策划编辑**：胡莉巾
责任校对：王玉玲	**装帧设计**：董晓伟
出版发行：西北工业大学出版社	
通信地址：西安市友谊西路 127 号	**邮编**：710072
电　　话：(029)88493844，88491757	
网　　址：www.nwpup.com	
印 刷 者：西安五星印刷有限公司	
开　　本：720 mm×1 020 mm	1/16
印　　张：9.25	
字　　数：181 千字	
版　　次：2023 年 12 月第 1 版	2023 年 12 月第 1 次印刷
书　　号：ISBN 978-7-5612-9106-1	
定　　价：58.00 元	

如有印装问题请与出版社联系调换

前　言

复合材料是指由两种或者两种以上具有不同物理、化学性质的材料，以微观、宏观等不同尺度结合到一起，形成的性能优越、功能更好的材料或者制件。由于复合材料比强度高，重量轻，能导电、透波等，其在航空领域的应用越来越多。

自20世纪70年代中期开始，国内开始了对复合材料在航空航天应用领域的研究，虽数十年来从业者不懈努力，但目前国内对复合材料的研究、应用与国外相比仍有一定的差距。究其原因，影响因素很多，部分原因在于国内对复合材料的研究与应用没有一套自洽的、内生的发展体系，而是跟随国外复合材料的发展而发展。在这些年的复合材料应用过程中，并不是没有天才的构思和想法，但是往往由于诸多因素的影响使其停滞下来。举例来说，在某型机上曾经使用过一种钛合金前缘，其由钛合金蒙皮加泡沫胶组成，抗冲击和抗损毁的能力大大提升，这是一个好的设计方案，但是其缺点也显而易见，就是重量不轻，装备了几架飞机之后，没有通过结构分析和使用分析取得进一步进展，后来也就不了了之了。像这样的例子有很多，点点滴滴累积起来，阻碍了复合材料的进步和发展。如果有一种复合材料研制、开发体系，将这些结构和材料纳入专门的类别开展试验、研究工作，即使不一定总能研究成功，但也会对类似的结构和材料的研究有所启发。复合材料鉴定就是这样一个体系，它以破坏试验、统计控制为“武器”，结合先进质量控制的方法，形成一套涵盖复合材料研发、制造、使用等全过程的程序和方法。在鉴定体系中，设计牵头，可以统筹全局，把握复合材料应用的全过程，取得所需的数据，并以此为基础，推动复合材料研究与应用的发展。

复合材料鉴定在国外航空产品中已有应用，典型的例子是波音公司对民用客机上复合材料的制造与控制。飞机上复合材料的研制和应用形成良性循环的体系，促使波音公司成为先进航空器生产商之一。美国联邦航空局就把完成复合材料鉴定作为取得适航证的前提条件之一。当前,欧洲的有关飞机项目在建立复合材料鉴定的标准,将鉴定应用于复合材料的研发过程。由于保密等原因,关于复合材料鉴定的国外资料较少,目前难以将国外的鉴定程序和方法应用到国内项目的研发、生产中。

在复合材料的应用中,设计是起点,也是终点。没有制造的设计永远停留在模仿,没有设计的制造就没有灵魂。现在的设计,因为没有破坏使用寿命到期的零件,也就不会知道下一次零件设计的起点在哪里。

本书是笔者在30年从事复合材料设计、制造工作的基础上,结合国内外复合材料进展情况,汇总、整理而成的,通过使用制件分级、分类、分族方法,推广工艺能力鉴定、预生产鉴定、预生产制造、首件鉴定等鉴定程序,旨在促进复合材料设计、制造、使用之间的融合,以更好地实现复合材料结构设计、制造一体化。

在编写本书的过程中,得到了陈丝雨的帮助,参阅了相关文献资料,在此表示感谢。在出版本书过程中,得到了西北工业大学出版社编辑胡莉巾老师的大力协助,感谢胡莉巾老师的辛勤付出。

由于水平有限,书中难免存在不足之处,恳请广大读者批评、指正。

著　者

2023年6月

名 词 表

名词	中文名称
ASTM	美国材料与试验标准
AO	装配指令
Alodine	阿洛丁
AOQL	平均检出质量限
AQL	接收质量限
BVID	轻微目视可见损伤
CMH－17	《复合材料手册》第 17 册
DSC	差示扫描量热法
DMA	动态热分析
FAA	联邦适航管理局
FPQ	首件鉴定
FAI	首件检验
FO	制造指令
NDI	无损检测
PPV	预生产鉴定
PPM	预生产制造
PL	零件清单
QA	质量保证
IRR	检验可靠性

名词	中文名称
SAT	系统精度
TUS	系统温匀性
T_g	玻璃化转变温度
SPC	统计过程控制
VID	目视可见损伤

目　录

第一章 航空复合材料鉴定概述

对复合材料进行鉴定是航空领域应用复合材料的趋势。

航空复合材料鉴定是推动复合材料行业发展和提升的手段，也是将设计、制造、应用结合到一起的方法。鉴定的另一个作用是稳定了复合材料制件的质量。

复合材料具备比强度高、重量轻、耐腐蚀、疲劳性能好的特点，在航空航天领域得到了广泛应用。在国外飞机制造领域，复合材料刚开始主要应用于机身、机翼，20 世纪末已经完成了从用于次承力结构到用于主承力结构的转变。如波音 787 的复合材料用量达到 50%，空客 350 的复合材料用量达到 52%。这还仅仅是在民用飞机上的表现。某些对重量敏感的军用飞机，例如垂直起降的 V－22 旋翼机，其复合材料用量超过 75%。在国内飞机制造领域，在机翼、方向舵、扰流板、襟翼、副翼、雷达罩、翼身整流罩等次承力结构上大量使用了复合材料。近年来，全复合材料垂尾、C919 复合材料中央翼等的制造成功，标志着国内复合材料的应用进入了新的阶段。尽管国内航空领域复合材料的应用取得了长足的进步，但与国外相比，仍然有不小的差距。

复合材料鉴定是从复合材料设计开始，贯穿制备、测试、应用整个过程，用于检验复合材料制件性能的程序和方法。复合材料制造是特种工艺过程，在不破坏零件的情况下无法获得零件准确的性能指标。复合材料鉴定主要是通过破坏首次生产零件或者对批产过程的一些零件进行性能、寿命试验，同时严格控制批产过程，使其他批产零件达到被破坏零件的制造水平，从而知晓所有零件性能水平的程序和方法。鉴定程序中包含一系列的试验方法，如试样级试验、元件级试验、典型件试验、组件级试验，以及整体静力试验等。此外，鉴定程序中破坏的零件还包括使用寿命到期的零件，这使得设计者能够计算剩余强度，进一步确定零件的使用寿命和结构。

复合材料制造需要验证制件的性能，目前常用特殊过程确认的方法对航空复合材料制造进行审核，以评判生产制件的性能。特殊过程确认来源于《质量管理体系要求》(GJB 9001C—2017)，是对特种工艺生产进行考核认证的方法。特殊过程确认使用试片来评判生产工艺过程，考核的是工艺能力，而不是制件水平，并不能对生产的制件性能进行判断。鉴定程序可以代替特殊过程确认，作为行业内的评判标准，不但可以考核工艺过程，还可以考核制件的制造水平。

复合材料制造是航空产业中热门的制造技术，材料种类多，零件结构形式多样，若制造方式不同，制件的性能则可能完全不同。按照鉴定的要求进行验证，积累数据，可以为后续材料应用和零件发展奠定基础，推动材料、产品结构和新型号的研发，从而推动复合材料产业的发展。

1.1 复合材料鉴定的作用

复合材料的研发、设计、制造、维修维护等各个方面都相对独立，联系不紧密。同时，复合材料零件的制造是特殊工艺过程。复合材料鉴定，就是将设计和制造有机结合起来，从统计的角度推算每一个复合材料零件的基础性能，进而完善整体航空器的使用和维护。

复合材料鉴定融入复合材料的制造过程是行业发展方向，特别在未来复合材料制造趋向于数字化制造的前提下更是如此。例如，自动铺丝、自动铺带技术取代了手工铺贴，简化了40%的人工工作量，也大幅度减少了铺贴中的质量控制过程；制件的数据从工程图样开始，到工装型面、自动下料机，再到投影仪的数字化传递，减少了重复劳动。只有通过鉴定程序，反复确认数据传递的模式、增加与减少的数据，以及数据在转换过程中的正确性，才能确保设计数模在下料软件、激光投影软件、铺丝铺带程序中正确传递数据，也才能确保零件的制造与设计图样相符。若没有已有复合材料制造中的数据支撑，复合材料发展应用水平就得不到提高，复合材料制造的成本也就不会降低。

航空器是精密机械结构，在使用过程中的小失误可能导致航空器的重大损失。用户需要知道零件的状态、寿命信息，就要进行复合材料鉴定，即用户参与到零件的生产、制造中来。然而，如前所述，除非破坏复合材料零件本身，否则无法知晓此零件具体的强度、疲劳寿命等数值。因此需要在鉴定过程中确定最终复合材料零件是否符合设计设定的使用要求，是否匹配航空器的使用状况。从另一个角度看，复合材料制件的性能也是由鉴定确定的，因为在鉴定的过程中对工艺参数进行调整，甚至调整零件结构，从而就调整了零件的性能。当然，目前在大多数情况下，复合材料的性能都是由设计确定的，而设计在确定复合材料性能水平时，也应用了复合材料鉴定的数据。

航空复合材料鉴定的作用主要有以下几方面：

(1)复合材料鉴定是提升复合材料制造、应用水平的必经之路。复合材料鉴定将复合材料的研制、设计、制造、应用、维修维护、发展等联系在一起，各个阶段相互包容，相互促进与协调，从而使复合材料发展进步。

(2)复合材料鉴定能够提高复合材料产品的稳定性。现阶段，复合材料制造中大部分为手工操作，对人员操作水平的依赖性强，对中间工序控制的要求很高，且无法判定中间工序的缺陷会对最终产品质量产生什么样的影响。复合材

料鉴定形成了统一的过程控制标准,对生产的各种因素进行平衡,促使生产稳定性发生很大程度的提高。

(3)复合材料鉴定会促进飞机零件质量的提升。由于复合材料鉴定形成了中间工序标准,使得次品不能传递到下一工序,从而提高了最终产品的质量。

(4)目前,航空复合材料是昂贵的,其中制造成本占较大比例,而复合材料鉴定降低了生产成本。其降低制造成本从三个方面体现:一是减少了过程控制的成本;二是利用统计控制的方法代替随炉试板的方法,减少或者取消随炉试板的制造,从而降低成本;三是稳定的制件制造降低了次品率,从而降低了整体的制造成本。

(5)鉴定是自洽的体系,能够实现自我修复和自我完善,推动复合材料的发展。在复合材料鉴定过程中,出现的问题、使用的状况都能够反馈至鉴定小组,并在内部(设计端、制造端)进行反馈和修正,补充和完善了研发、设计、制造、应用的体系。结合在鉴定过程中出现的问题和疑点,通过改进复合材料设计,完善工艺制造方法,甚至于促进复合材料原材料的研制,从而推动复合材料的发展。

1.2 航空复合材料的鉴定程序

航空复合材料鉴定贯穿航空器的研发、制造、使用的全过程,是复合材料性能表征和复现的操作程序。复合材料的应用是从需求到实现的过程,这个过程的核心是设计和制造。航空复合材料鉴定程序也是以设计和制造为核心,将复合材料设计理念贯彻到航空器上的过程。航空复合材料鉴定过程主要包括工艺能力鉴定、预生产制造、预生产验证、首件鉴定和重复鉴定等。这几个步骤涉及复合材料的研发、设计、制造、使用、售后维护等几个阶段,通过反馈、综合、试验的方式实现。复合材料鉴定程序见图 1.1。

航空复合材料鉴定程序的设定要保证数据在同一个体系中传递,确保数据的准确性。复合材料的研发、设计阶段需要借助复合材料在航空器上应用的正确数据来验证设计的合理性。目前各航空器设计单位使用的都是材料研制过程中的数据。实际上,在复合材料从研制到应用的整个链条中,材料研制的性能数据优于设计验证的性能数据,设计验证的性能数据优于生产制造的性能数据。因此,零组件的性能数据往往达不到设计要求的数值。通过复合材料鉴定的方法,可以得到复合材料本身的性能数据统计值,甚至是零组件本身的性能数据。

航空复合材料鉴定程序还需要保证产品性能的一致性。复合材料生产过程是非常复杂的过程，不同的制造商、不同的工艺过程，或者不同的人员制造的复合材料零件性能都是不一样的。复合材料鉴定程序也着重于对这个过程的控制。鉴定体系中的鉴定程序要求工艺过程获得的结果与工程要求相符。完整的鉴定体系不仅在生产前进行，同时与零件的批生产完美地结合在一起。它融合到批产过程，通过过程控制和随炉试样一起完成对生产过程中特种工艺能力的控制。同时，鉴定程序中的结论可以成为批产过程中零件偏差处理的依据。一个完整的复合材料鉴定程序除了要求包含各种类型的特种工艺特点之外，还要借助概率论、数理统计等基础学科的研究成果。

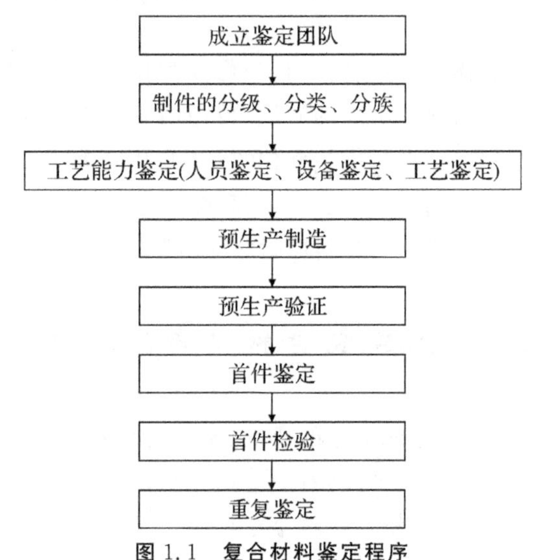

图 1.1　复合材料鉴定程序

航空复合材料鉴定程序的设定是以零件制造的性能表征为核心的。工艺能力鉴定包括人员鉴定、设备鉴定和工艺鉴定三部分，它表明制造商应具有的相应的工艺能力。预生产制造是复合材料鉴定的重要部分，包括产品小样制造、设计前的试验、积木式试验、零部件缩比件制造，如果有条件，还应包括正式零件的制造。预生产验证是确定产品符合大规模生产要求的过程，必须生产出正式的零件，并确定产品性能。在这个过程中，通过制造人员与设计人员的交流，确定了最终零件图样。在这个阶段之后，任何影响产品性能的更改，都需要重新完成预生产验证。首件鉴定是制造过程的重要部分，其中需要确定工艺流程、检验方法、检验频率、产品中间过程标准和最终标准，形成产品生产过程中的系列文件，并获得客户批准。重复鉴定包含两个方面，一方面指生产变化导致的重新鉴定，另一方面指常规生产中的周期鉴定。

复合材料零组件的使用维护也可以使用鉴定程序。这方面的内容将在第十二章中论述。

1.3　复合材料鉴定与复合材料产业融合

航空复合材料是整个复合材料产业的一部分。与非航空产品不同，航空器上使用的复合材料要求性能指标高，且均匀一致，不能有很大的起伏，否则会影响航空器的安全。复合材料鉴定程序通过融合非航空产品质量控制的方法（如统计控制就是汽车行业广泛使用的控制方法），来促进航空产品与非航空产品制造的一致性，以降低航空产品的制造成本。同时，通过使从航空复合材料鉴定中获取的先进制造方法反哺非航空产品，促进民用复合材料制造的发展，使复合材料产业整体提升。

航空复合材料产业内部也要求将各个阶段进行融合。复合材料产业按照顺序来划分，可以分为复合材料研发、复合材料设计、复合材料制造、复合材料应用这几个阶段。复合材料鉴定的任务融合、分散在这几个阶段。复合材料研制从航空器立项论证时开始，有时候会早于这个阶段。材料的研究从很早就开始了，可能源于上一个项目中的论证要求。航空器项目立项之后，会有材料与结构的摸底试验、材料规范的编制与认证、材料与工艺的基础试验和关键技术的攻关等，这些都是立项论证的主要内容，有些试验会延伸到可行性研究阶段，直至方案成型。航空器工程研制阶段是复合材料鉴定的重要节点，它与航空器设计定型相互穿插，相互作用，最终目的是取得航空器设计图样。其中鉴定程序包括工艺规范验证、工艺能力鉴定、积木式试验、预生产制造、预生产验证、首件鉴定、首件检验、工艺路线总方案等。航空器批生产阶段也是复合材料鉴定中重复鉴定的实施阶段，当然它也是维修、维护部门鉴定的开始阶段。

1.4　复合材料鉴定融入设计阶段

在航空器立项论证阶段，需要编制复合材料应用总方案，包括复合材料在航空器上的应用数量、应用范围，以及各种复合材料的应用情况、对应成本和水平等基本情况，并且确定复合材料鉴定体系方案及指定复合材料大部件。之后由复合材料应用总方案引出复合材料设计总方案和复合材料工艺总方案。

按照复合材料鉴定体系要求建立复合材料鉴定体系文件，该体系文件中应确定各部门协同工作方式，并确定鉴定的组织结构。

在航空器立项完成之后，成立复合材料鉴定联合团队，包括复合材料应用团队、鉴定小组、制造团队。联合团队中还应包含客户代表、质量代表、适航认证代表等成员。

联合团队应按照制造成熟度和制造成熟度等级要求，以及零件分级、分类方法，进行结构设计/材料选型/工艺设计相互协调论证分析。

复合材料应用团队应识别出技术难点和技术风险点，规划试验件，进行验证，对设计进行技术支持。试验件验证工作应由承制该部段的供应商完成。

复合材料应用团队的职责包括：对复合材料零件设计、制造及检测概念进行分析、评价；完成复合材料零件初步技术方案；完成复合材料零件初步制造方案，确定项目常规零件数量，并初步分析产品研制和生产能力；分析新技术、新材料、新工艺，确定关键技术项目及解决方案，启动关键技术攻关；制定复合材料结构摸底验证试验规划；确定最优的复合材料结构初步技术方案。

1.5 复合材料鉴定的实施过程

复合材料鉴定贯穿复合材料的整个生命周期，即从预研到设计、生产、装配、使用、维护、拆卸、回收的整个过程。在初步设计阶段，主要开展以下工作：

(1)完成初步设计，冻结各构型项(CI)技术方案；

(2)完成关键项目技术攻关，给设计反馈技术研究结果，供设计决策；

(3)编制复合材料制件工艺总方案；

(4)完成结构研发摸底验证试验；

(5)启动材料/工艺规范编制；

(6)完成材料摸底试验，此项工作可与材料供应商联合开展；

(7)完成复合材料结构长周期件目录编制；

(8)确定复合材料结构适航审定基础，编制合格审定计划；

(9)启动验收技术条件编制；

(10)开展材料适用性研究。

在详细设计阶段，主要开展以下工作：

(1)确定复合材料结构详细设计技术方案；

(2)按照结构设计要求，开展设计许用值及典型件验证试验；

(3)完成材料规范验证试验；

(4)完成工艺规范验证试验;

(5)完成复合材料结构制造验收技术条件的编制;

(6)按照复合材料零件分级及制造要求,对复合材料零件进行分级、分类,并设计、制造工装;

(7)按照复合材料零件预生产制造要求,开展预生产制造;

(8)按照复合材料零件制造用工装热分布要求,开展工装热分布试验;

(9)按照复合材料零件预生产验证要求,开展预生产验证,并按照各型号验收技术条件进行验证;

(10)完成复合材料结构合格审定计划签署;

(11)完成复合材料结构设计需求符合性检查;

(12)编制首件鉴定计划;

(13)编制复合材料零件检测计划;

(14)编制不合格品审定计划。

在试制与定型阶段,主要开展以下工作:

(1)开展复合材料结构适航验证试验;

(2)制定无损检测标块;

(3)按照复合材料零件制造工艺能力鉴定要求和复合材料零件制造用设备鉴定要求完成工艺能力验证和设备鉴定;

(4)按照复合材料零件首件鉴定要求,开展首件鉴定工作;

(5)按照复合材料零件首件检验程序和要求,开展零件首件检验工作。

在批量生产阶段,各零件/组件复合材料应用团队主要开展以下工作:

(1)供应商考核;

(2)关键技术难点持续验证;

(3)工艺持续改进、设计方案持续改进;

(4)配合疲劳专业团队开展全尺寸疲劳试验。

在产品使用阶段,主要开展以下工作:

(1)对外场飞机的使用和维护提供支持;

(2)修订相关持续适航文件;

(3)处理生产现场技术质量问题;

(4)维修、维护的鉴定工作。

在产品寿命结束阶段,主要开展以下工作:

(1)拆卸零件或者组件,进行检查和无损检测,确定损伤状况;

(2)分解、切割零件或者组件,测试剩余强度;

(3)检查缺陷扩展状况、接头受损情况等;

(4)开展回收、环保方面的研究、策划、实施;

(5)对材料、结构、制造工艺、使用情况进行总结。

复合材料的应用是个综合工程,鉴定在其中扮演了重要角色。通过鉴定,把材料的研制、生产、使用、回收等结合到一起,形成设计与制造、使用融合的局面,促进复合材料产业的发展。

1.6 复合材料制件设计中的鉴定元素

在航空复合材料鉴定体系中,工程图纸上的鉴定元素伴随制件的制造、使用过程。这些鉴定元素包括制件的分级和鉴定的需求两个方面。鉴定的需求是设计者需要考虑的要素之一,制件的分级则在后续章节中介绍。只要设计人员对制件的结构、材料、强度、耐久性、改进可能性有疑问,就可以在工程图样上标注“需要鉴定”,而鉴定过程中的所有信息、数据会从不同工序反馈到设计人员手中,以利于制件设计的后续改型、改进。

鉴定元素也体现在飞机的维护手册中,用于指导零件、组件的维修和维护。鉴定元素对型号中首架报废飞机的拆卸、试验具有重要意义,是确定破坏试验件的关键要素之一。

第二章

复合材料制件试验验证方法

在复合材料研制过程中会形成大量数据，而实际应用又缺乏数据，得不到相应的性能。材料研制、结构设计、材料验证、制造、零件使用等数据都是独立的、“各自为战”的，只在相应的过程中发生作用。只有将试验做得更深入，将各种数据集合到一起，才能了解复合材料应用的整体情况。

数据的融合、流动才是复合材料应用的健康态。

飞机复合材料结构应经过(试验支持的)分析计算和强度试验验证,既保证其安全和可靠,又使之重量轻、经济性好。通常,采用试样、元件、典型件、组合件及全尺寸部件的积木式验证方法或称积木式试验(见图 2.1),保证其结构的完整性和经济性。这种积木式试验方法是国外飞机要求的试验方法,见于美国联邦航空局(FAA)的适航通报 AC20-107,是适航推荐的航空产品试验方法。积木式试验采用试样、元件、典型结构件和组合件级别的试验和分析来说明变异性、环境影响、结构不连续、损伤、缺陷和特定的设计或者制造细节问题。

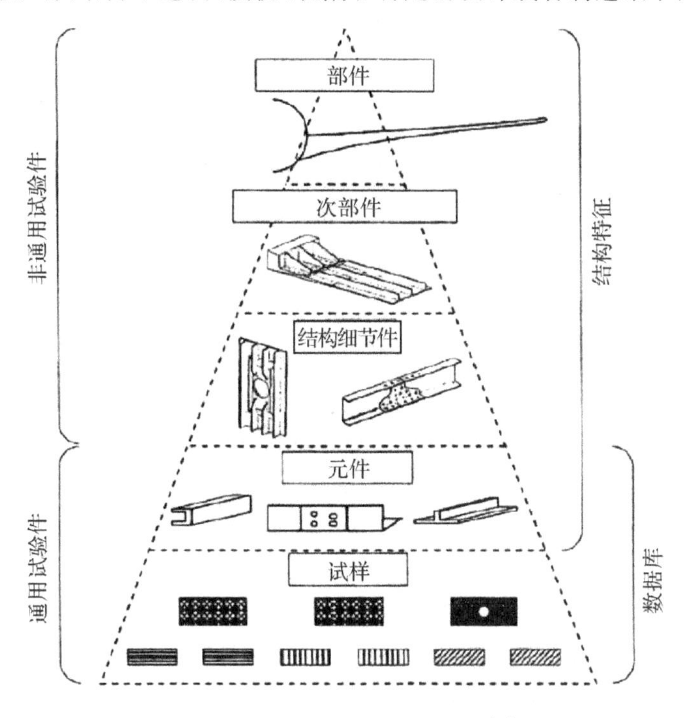

图 2.1 积木式验证方法[1]

积木式试验由简单的试件逐级进展为更为复杂的典型结构件和组件。这种方法允许用数据经济地量化较大尺寸结构特性,有助于使环境影响、损伤性能等技术难点在低层次上通过试验研究得到分析和验证,并且可以避免全尺寸试验复杂和实施困难的缺点,既能降低研制成本,确保全尺寸试验验证顺利通过,又能尽可能少地付出重量代价。对于复合材料/金属混合结构的耐久性和损伤容限特性,可用积木式设计方法完成对复合材料结构部分的验证,而用全尺寸试验完成对金属结构部分的验证。

积木式试验由试样、元件、零组件到部件级试验构成,试验件数量及规模由大到小、自下而上形成一个金字塔结构,试验件尺寸规模和复杂程度不断提升。由于积木式试验结构很像金字塔,所以积木式试验也被称为金字塔试验。通过不同级别的试验和分析可以获得:材料特性数据的统计基准值,环境的影响系数,疲劳特性,关于制造缺陷、使用损伤和修理的数据库,结构细节设计参数(包括连接),稳定性准则,工艺对结构强度特性的影响,等等。

积木式试验贯穿复合材料研制、试验、设计、制造等各个阶段。积木式试验的底层验证是基础,可以作为复合材料鉴定的实施依据,也可作为零件制造的合格依据。元件、部件的试验是飞机结构的验证试验(功能性试验),其结果又可作为适航验证的交付物。其中包括:

(1)材料研制:材料基础性能试验、材料适航验证试验;

(2)制件研制:零件、组件、部件力学性能试验,零部件适航验证试验;

(3)强度验证和许用值确定:许用值试板,强度校核试验件,静力试验;

(4)损伤容限:试板和制件,包括损伤、缺陷试板;

(5)功能试验:重量、防雷击、隐身、耐久性、破坏等试验。

复合材料制件试验需要按照图 2.1 所示的积木式试验顺序开展,包括试样级试验、元件和部件级试验,中间穿插进行材料筛选试验、材料规范验证和工艺规范验证试验、材料许用值试验。将这些试验综合起来就能够得到复合材料在航空器上的性能数据。不同复合材料部件性能不一致,平衡性能数据是设计阶段的重要工作。

复合材料性能数据的获得需要设计部门和制造部门共同参与。表面上看,大部分性能数据都是初步设计过程中要求的,实际上利用制造端的性能数据和使用过程中的性能数据可以不断改进、优化航空器的设计方案,达到性能最优的目的。这些数据包括随炉试板的数据、材料复验的数据、工艺性能试验的数据、工艺鉴定的数据等。

2.1 试样级试验

试样级试验件大多规划的是单向板和层压板,目的是获得材料的基本力学性能和物理性能。这些性能数据用于材料筛选、材料规范的编制以及材料许用值的初步确定。试样级试验是整个积木式试验中进行最多的试验。大量的试验

可以获得材料的基本力学性能与物理性能数据，为后续更为复杂的试验奠定验证基础。根据测试的性能，试样级试验主要划分为以下几类：

(1)纵向和横向拉伸极限强度、弹性模量和相应的破坏应变；

(2)纵向和横向压缩极限强度、弹性模量和相应的破坏应变；

(3)面内和层间剪切强度、剪切模量和相应的破坏应变；

(4)弯曲强度、弯曲模量和相应的破坏应变；

(5)因湿热环境对结构强度有显著影响的物理性能，如热膨胀系数、热导率、湿膨胀系数等。

2.2　材料筛选

材料筛选与工艺选择密不可分，须同步进行。制造试验件时应确保在与后续试验件相同的制造工艺条件下对选定材料进行加工和试验，并与材料供应商提供的性能数据进行对比：一方面用于比较实际生产的工艺条件与供应商提供的工艺条件的差别，另一方面为编制材料规范和工艺规范提供基础性能数据。需要注意的是，材料供应商的试验方法往往与制件制造的试验方法不一致，得到的数据也会不一致。例如，大部分材料供应商都使用热压机固化试板，这与制件制造时使用热压罐固化方法并不一致。

不同的材料会使用不同的性能数据。该阶段材料性能数据比较分散，仅依据这组数据无法获得材料许用值，只能得到估计值，还要比较估计值和初始设计对材料性能需求的差异。材料筛选时的性能数据并不是越优越好，而是要与复合材料制件的功能相匹配。

目前材料筛选只是设计环节的工作，主机厂并未参与。如果是复合材料制件制造者一起完成材料筛选的工作，则该数据可以作为鉴定过程的有效数据，这样也为强度校核提供了真实材料性能数据，有利于复合材料应用。

2.3　材料规范与工艺规范编制

根据选择的材料类型和结构形式进行工艺试验研究，在确定材料、工艺方案和结构设计方案的基础上，制定材料规范和工艺规范草案。这一阶段所规划的试验应能确认材料规范和工艺规范中的性能参数，识别出结构设计所需要的关键力学性能数据，初步确定材料许用值。

材料规范和工艺规范是航空性能的重要依据。材料规范和工艺规范是在大量材料性能数据和工艺试验数据的基础上编制的，在后续过程中可以修订，但不会有颠覆性的更改。材料规范和工艺规范通常需要得到客户的批准。材料规范和工艺规范确定后，后续的鉴定过程都是符合性审查(即不会超越它们)。材料规范和工艺规范的重大更改意味着重启鉴定过程，返回到初始设计阶段。

2.4 材料许用值确定

通过统计和处理层压板和单向板试验数据得到材料许用值，建立有效的材料 A 基准和 B 基准许用值，确定环境影响、缺口影响、铺层影响、制造缺陷影响和工艺敏感度。

注意，不同制造商得到的许用值是不同的，并不是依据材料的性能就能够得到。不同制造商工艺水平并不一致，制造产品的能力也不同。鉴定程序包含对生产的过程控制，有助于制造商的水平提升，达到或超过最低限。

一般来说，“谁制造航空器，谁制造许用值试板”是适航的原则。材料许用值试验不仅仅是强度校核的依据，而且是生产过程中控制的依据。这是设计技术条件中加入产品采样检验的基础。具体数据的使用见本书第九章。

2.5 元件和部件试验

元件和部件是从缩比件、零件、组件到整装部件的一系列制件，在工程图纸上表现为复合材料的结构图，或者是包含复合材料装配的图纸或数模。

1. 元件级试验

元件级试验件是在试样级试验件的基础上引入一定的尺寸效应(通常是初步构型的一般尺寸)且在结构设计中重复出现的、典型的局部结构细节制造构件，如接头、加筋条、梁和典型夹层件等。在材料许用值的基础上，考虑材料、结构细节及环境条件等，通过大量元件级的试验获得结构设计许用值(应变)，包括拉伸许用值、压缩许用值、剪切许用值和挤压许用值。主要结构件的元件级试验应能够确定制造缺陷、损伤模式和工艺敏感度，并获得初步的制造缺陷、损伤部位和类型及修理数据。元件级试验件主要规划下述类型的试验：

(1) 结构设计许用值及环境补偿系数相关试验，该阶段采用规定的试验标准设计许用值试验；

(2) 结构设计许用值试验规划四类：无缺口层压板试验、含开孔(包括充填

孔)层合板试验、层压板冲击后压缩试验和层压板机械连接挤压强度试验;

(3) 试验环境包括室温大气环境,低温大气环境以及高温、高湿态环境下的试验;

(4) 疲劳门槛值试验;

(5) 典型层压件的损伤容限试验,包括冲击损伤试验、带目视勉强可见冲击损伤(BVID)和完好件静力试验、带目视勉强可见冲击损伤(BVID)层压板损伤特性试验。

2. 典型结构件级试验

按照美国材料与试验协会(ASTM)标准设计与实际结构相符的典型铺层试件进行试验,主要包括开孔拉伸、开孔压缩、冲击后压缩、面内剪切等在常温、湿热环境下的试验,以获得包括无缺口拉伸、压缩与剪切强度与模量,开孔和充填孔拉伸与压缩强度,冲击后压缩强度,连接挤压强度,以及其他强度校核所需的性能数据。

按照《复合材料手册》(美国复合材料协会,*Composites Materials Hand Book*)第 17 册(CMH - 17) 的方法统计分析试验数据,给出设计许用值,包括拉伸许用值、压缩许用值、剪切许用值、挤压许用值以及环境补偿系数。典型结构件级试验主要规划下述类型的试验:

(1) 典型件连接接头强度试验;

(2) 典型壁板(包括带大开口的壁板和损伤壁板)细节疲劳试验;

(3) 复合材料加筋壁板等结构复杂而较难分析结构部位的静力/疲劳试验;

(4) 梁腹板稳定性试验;

(5) 失效模式和破坏应变水平;

(6) 湿热环境对失效模式和破坏应变水平的影响试验。

3. 组件级试验

组件级试验是为了验证更为复杂的制造工艺,评估可能由于几个潜在破坏模式引起破坏,或者更加复杂的载荷状况,所选用的试验件包含两个以上的重要结构特性的组合件。组件级试验主要规划以下类型试验:

(1) 关键的连接部位静力试验;

(2) 典型盒段的静力试验;

(3) 主承力接头静力试验;

(4) 开口加强部位强度试验;

(5) 由于载荷与结构复杂,易产生面外载荷部位的静力试验;

(6) 其他由于结构复杂而较难分析的关键部位承载能力试验。

与元件级和典型结构件级试验相比,约束条件和载荷条件更接近真实边界的结构装配,并且能够发现二次载荷效应,组合件试验可以用来验证设计许用值与尺寸放大的影响和静力、疲劳损伤的影响。组合件级试验数据能够证明设计预期的破坏模式和静强度特性。组合件级试验为验证结构传力路径和结构变形提供了分析方法。

4. 部件级试验

部件级试验指进行全尺寸构件的静强度、耐久性和损伤容限试验。试件为代表真实结构的大型复杂制件构型。在得到制件的破坏模式后,验证结构强度是否满足需求。

2.6 产品试验

在鉴定过程中,还需要完成产品试验,即产品的破坏试验。破坏试验主要在两个阶段展开:第一个阶段是在首件鉴定阶段,是人为破坏制造的复合材料制件,检验产品与工程要求是否相符,包括首件鉴定中的破坏试验、典型件的环境和耐久性试验、功能性试验等;第二个阶段是在复合材料产品使用过程中和寿命结束阶段,主要检验产品的剩余强度、结构与应用工况的匹配状况、装配状况、功能状况、材料耐久性能和抗冲击性能等指标。

在复合材料应用的整个过程中,积木式试验只包含了前面研制、设计、制造阶段的试验。在复合材料产品使用过程中和使用过程之后,还有暴晒、疲劳、耐环境等大量的验证试验,以及破坏试验等设计指标的验证试验等,这些也都包含在鉴定程序中。这些验证试验和破坏试验一起,是对积木式试验的完善和补充。

参考文献

[1] Federal Aviation Administration. AC20 - 107B COMPOSITE AIRCRAFT STRUCTURE [EB/OL]. [2023 - 05 - 06]. https://www.faa.gov/regulations_policies/advisory_circulars/index.cfm/go/document.information/documentID/99693.

第三章

复合材料制件的分级、分类和分族

分级、分类、分族是鉴定的基础。

复合材料鉴定是针对零组件的活动，而制件的分级、分类、分族是鉴定的前提。分级、分类是基础，在此基础上进行制件分族，获得零件族。零件族内分为族代表和族成员，一般对族代表进行鉴定，族代表的鉴定结论可以推广应用到族成员上。通过分级、分类，对制件按照零件族的方式集中进行鉴定活动，可以显著降低费用。

详尽的分级、分类可以细化鉴定要求，明确鉴定条目，将产品性能与制件局部特征联系起来，有利于航空器上零组件的应用。复合材料制件从类型方面考虑，可以划分为层压件和夹层件；从设计的角度考虑，除了制件大小、形状、材料类型之外，还要从零组件的重要程度划分；从制造方面来考虑，需要将不同的制造方法进行区分，例如自动化铺贴与手工铺贴分开，热压罐固化与烘箱固化、压机固化区分开来，液体成型与铺贴成型区分开来，不同工装材料成型出来的制件也应区分开来；从生产的角度考虑，不同制造商、不同制造地点、不同生产线上的制件都不能放在同一个零件族中。

复合材料制件的分级、分类、分族首先从设计端开始控制，按照制件在航空器上的重要程度进行分级，作为制件鉴定的基础。固化是复合材料制件成型的核心，应按照制件的固化类型划分复合材料制件的类别。在此基础上，依据工艺、结构、材料、工装等细分，组成鉴定的零件族。在零件族中挑选出具有代表性的制件作为族代表，完成鉴定，并且将族代表上获得的成果应用到所有族成员上。按照这个思路，对复合材料成型的工装也可以进行分族，使用族代表工装进行热分布试验，并将热分布结果应用到所有族成员工装上。

当然，上述分级、分类适于目前航空产品上最为广泛的热固性复合材料应用，热塑性复合材料、金属基复合材料、陶瓷基复合材料也可以用单独的级别和类别方法进行控制。

3.1　制件分级方法

复合材料制件分级是设计要素，是在设计时依据制件重要程度划分的。制件分级在型号初步设计阶段生成，在详细设计阶段确定。制件分级与鉴定的要求直接相关。

1 级制件：结构关键、工艺复杂的主承力制件。其按要求需进行热分布、制造计划、预生产制造、预生产验证、首件鉴定。

2级制件:次承力制件,或者结构简单、工艺成熟的主承力制件,包括装配复杂的复合材料制件。其按要求需进行热分布、制造计划、预生产验证、首件鉴定。

3级制件:结构形式简单、成型工艺简单、工艺成熟的非承力制件。其按要求需进行热分布,无需进行预生产制造、预生产验证、首件鉴定。

3.2 制件分类方法

固化的方式直接决定了复合材料的基本性能。在复合材料鉴定中,按照复合材料固化成型的类型进行分类。树脂基复合材料是目前应用最为广泛的航空复合材料。这里仅给出热固性树脂基复合材料的分类。当然,其他复合材料可以直接加到下列制件类别的后面,例如金属基复合材料制件、热塑性复合材料制件、陶瓷基复合材料制件等。

1类制件:热压罐固化复合材料制件;

2类制件:液体成型复合材料制件;

3类制件:烘箱(固化炉)固化复合材料制件;

4类制件:压机固化(包括工装自加压)复合材料制件;

5类制件:激光(或其他方法)固化复合材料制件。

3.3 制件分族方法

制件中的族是鉴定的基本单元,是鉴定实施的基础。不同级别的制件不能划分到同一个族中,不同类别的制件也不能划分到同一个族中。在同级别和同类别的制件中,基于制件的大小、制件材料、结构相似性、工艺相似性等原则划分零件族。

制件分族要素包括材料种类、制造工艺类型、结构特征、设备规格、铺贴形式、黏结方式、外廓尺寸长度、外廓尺寸宽度、黏结温度、固化温度、加工形式、特种检测方法、表面处理、外部协作方式等。不同级别、不同类别的制件分属不同的零件族。重点考虑将不同的材料、不同的固化周期或不同的制造工艺(如共固化、共胶接与预固化,手工铺敷与自动铺带)得到的零件放入不同的零件族。用于制件分族的其他标准应包括但不局限于下列内容:

(1)制件尺寸;

(2)原材料类型;

(3)制件结构形式;

(4)工装结构形式、工装材料;

(5)成型工艺方法;

(6)修整方法;

(7)检测方法;

(8)制造场地。

零件族划分之后,需要选定族代表。通常指定其中难度最大、尺寸最大、过程最复杂的制件作为族代表。同时需要经过鉴定小组同意,并且在预生产制造计划,或者是首件鉴定计划中批准。族代表和族成员在预生产制造、预生产验证、首件鉴定、重复鉴定中都不会发生改变,除非工程、制造工艺或者供应商变更。

3.4　制件分级、分类和分族的实施

复合材料分级信息应在工程图样中给出,作为重要的设计元素。

复合材料制造的类别控制记录在复合材料制造技术总方案中,作为型号上复合材料制件生产的依据。

复合材料的分族信息在每个鉴定计划中均应体现。将所有分族信息汇总到复合材料应用团队,汇集成册,保证每个零件都在型号研制任务的统属之下。工装的分族信息与制件的分族信息可以不同,可单独列在热分布计划和热分布报告中。另外,由于供应商的工艺制造能力不一样,不同供应商制件的分族是有可能不同的,需要单独批准。

制件分族完成后,分族活动适用于鉴定过程的每个阶段,从预生产制造开始,一直延续到产品的使用和维护过程。同一个族的制件寿命相同,一个零件的更换可能会导致同族的所有零件更换。制件的分族信息通过飞行器维修、维护手册传递到客户手中。

第四章
复合材料制造工艺能力鉴定

工艺能力主要是指制造水平。对制造商的工艺能力鉴定不仅考核制造能力,而且考核制造商的管理、质量控制能力。

复合材料制造要通过先进的工艺技术实现。工艺技术水平涉及人员、设备、工艺程序、检测能力、加工能力等多个方面。制造技术的实现程度由制造工艺能力来表征。复合材料工艺能力鉴定就是定量表征复合材料制造工艺能力的过程。在复合材料鉴定的大家族中,复合材料制造工艺能力鉴定是复合材料研制过程的一部分,应在试制与定型阶段完成。当然,选择新供应商时,首先应做的也是工艺能力鉴定。因此,工艺能力鉴定也是供应商审核中的一部分。

工艺能力鉴定包含定性和定量两个部分。制造中的定性部分包括质量控制水平、工艺改进能力、制造研发能力、设备能力、人员能力等的鉴定。制造中的定量部分就是数值测试,通常由测试的中值表征。通过得到的测试中值,可以比较制造商的制造能力。

可以说复合材料制造工艺能力鉴定是对复合材料制造商的制造能力的考核。当用户提出工艺能力鉴定要求时,制造商应按照工作流程或用户要求配合完成。复合材料制件制造工艺能力鉴定主要包括制件制造工艺能力鉴定、无损检测能力工艺鉴定、机加工工艺能力鉴定,以及试验室能力鉴定,其他还有喷涂、表面处理、装配等工艺能力鉴定等。

复合材料制件制造工艺能力鉴定的流程包括:工艺能力鉴定项目申请、审核,工艺能力鉴定组织、实施,工艺能力鉴定批准。工艺能力鉴定的具体工作流程如下:

(1)制造商向工艺鉴定小组提出工艺能力鉴定的申请;

(2)鉴定小组评估需求情况后对工艺能力鉴定申请进行审核、评估;

(3)鉴定小组确定是否对制造商进行现场审核和/或资料审核;

(4)审查小组(鉴别小组根据制造商的资料,指定并成立审查小组)到工艺能力鉴定现场对制造商进行现场审核和/或资料审核;

(5)制造商按确定的复合材料制件制造工艺能力鉴定方式完成工艺能力鉴定;

(6)制造商完成工艺能力鉴定报告的编制,向鉴定小组提交审批(如果鉴定小组向制造商提出需要整改的问题,制造商完成整改后向鉴定小组提交整改结果证据,并完善工艺能力鉴定报告);

(7)鉴定小组审查工艺鉴定报告,确认整改完成后,鉴定小组批准工艺能力报告。工艺能力鉴定报告批准即是工艺能力鉴定批准。

4.1 工艺能力鉴定内容

工艺能力鉴定包含定量计算和定性审核两个部分。工艺能力是综合评判的结果，试验数据是其中最为重要的一部分。使用工艺能力鉴定的数据，可以计算初步 C_p 值和 C_{pk}值(见本书第九章)。虽然工艺能力鉴定不只包含质量控制操作，但质量控制操作是其中非常重要的一部分，即质量体系中的人、机、料、法、环、测。工艺能力鉴定包括两方面的功能：一方面是制造能力的鉴定，即能够制造符合要求的复合材料制件；另一方面是判断多个工艺源的工艺能力水平，以便在多个工艺源中选定最合适的供应商。

工艺能力鉴定的操作流程包括以下两方面：

(1)选定复合材料制件关键检验要素，完成至少三个批次的制造过程，确定检验项的波动范围。典型的做法是选择拉伸强度、弯曲强度或者压缩强度中的一种试样(依据材料规范确定)，制造三组至少 20 个试样，分别计算平均值、标准方差、离散系数。对比三组结果，并计算 C_{pk}值。

(2)完成人员鉴定、设备鉴定和工艺过程鉴定。

4.2 工艺能力鉴定申请和评估

工艺能力鉴定的申请由制造商编写，主要内容包括以下几方面：

(1)制造商应注明复合材料制件制造工艺能力鉴定的申请的类别。其类别通常由制件的类别确定，或者依据工艺规范确定。

(2)制造商在申请中还应给出工厂的位置和车间的工艺布置图，并表示出物流通道。工艺布置图中应包括材料贮存、下料、混合、铺贴、固化、修切和返工区域等。

(3)对于实验室能力的鉴定，如果制造商的某项实验室能力通过了(美国)国家航空航天和国防合同方授信项目(Nadcap)、波音公司、空客公司的认证，则在鉴定申请中提交相应的证明。

(4)如果制造商的某项工艺已按相关要求进行了同种类型的鉴定，且后续工艺无变化，则需要提供工艺能力的计算数值。

(5)与制件相关的其他工艺能力资料，如无损检测、机加工、装配等。

收到复合材料制件制造工艺鉴定的申请后，鉴定小组应对制造商的工艺能

力鉴定申请进行评估，内容包括：

（1）制造商完成相应复合材料类别的制件情况；

（2）制造商设备配套情况；

（3）是否需要对制造商进行现场审核。

4.3　工艺能力鉴定实施

工艺能力鉴定时由鉴定小组在现场进行审核。鉴定小组主要成员为制造工程师和质量工程师，设计和客户代表可以不参与。工艺能力鉴定的主要工作内容包括质量体系审核、人员鉴定、设备鉴定、工艺鉴定等。

1. 质量体系审核

制造商在生产过程中贯彻执行质量体系有关文件。如果制造商已经通过质量体系审核，应提供相应证明。在不进行质量体系审核的前提下，如果出现质量体系的问题，将会是严重不符合项，导致鉴定失败。

制造商车间布局及相关管理程序能够满足质量控制要求。

2. 人员鉴定

制造商技术、操作、检验人员应具备相关知识和技能，并针对型号进行相应培训，有合格证。制造商还应有相应的管理规定，让人员在批产过程中进行定期培训，并具备上岗证撤销、上岗证终结、重新上岗的制度。

3. 设备鉴定

对于复合材料制造的设备鉴定，具体参见本书第五章。

4. 工艺鉴定

复合材料制件制造的工艺鉴定方式主要包括以下几种：

（1）类似产品加工过程的现场目击、检测；

（2）试验件加工过程的现场目击、试件鉴定（理化性能检测等）；

（3）产品试加工件工艺文件评审、产品试加工件试加工过程现场目击、试加工件鉴定（计量、关键工序能力评估）等。

工艺鉴定包括两个部分：过程控制审查和工艺试板的试验。其中工艺试板的制造要求如下：

(1)按照相应工艺规范要求制造工艺试板。

(2)所有工艺试板不应进行特殊处理，也不允许使用匀压板。

(3)除非鉴定小组允许，所有工艺试板应使用按规范采购并复验合格的材料进行制造。承制单位/制造商需将材料的入厂复验报告提交鉴定小组。

(4)与工艺试板相关的所有操作，比如铺贴、固化等，都应由车间持有操作合格证的工人完成。如果铺贴工序由自动铺放设备完成，则设备操作工人也应持有相应操作合格证。

(5)制造工艺试板时，应使用用于制件生产的场地和设备等。

(6)通过鉴定的热压罐均可用于工艺试板的固化。

(7)在试片性能测试前，应检测试片的外观尺寸、平直度和表面粗糙度，以满足相应测试方法中的要求。

(8)在工艺试板机加工前，应按相应的无损检测规范对制造完成的工艺试板进行无损检测。

1)按设计和工程图样的接收要求，评估无损检测结果。

2)如果有任何内部缺陷，承制单位/制造商应给出造成内部缺陷根本原因的分析结论、纠正措施并重制试板，除非确定这个缺陷是由操作不当引起的，而且可以在后续机加工过程中去除。例如，制造试板时，在边缘有一小块隔离膜的夹杂。

3)将包含无损检测结果、承制单位/制造商名称、工艺规范号的工艺评估报告提交鉴定小组。

工艺试样的测试要求如下：

(1)按照设计和工程图样中的要求制造工艺试板和工艺试样。

(2)工艺试样由工艺试板机加工后得到。对试板按照复合材料机械加工工艺规范的相关要求进行机加工。

(3)将每一块试板分成两半(每一半试板中均应包含测试要求的试样数量)。一半试板由制造商进行测试，另一半提交鉴定小组进行测试。提交给鉴定小组的每块试板上都应标记制造商、工艺规范号、所用材料的型类级、试验项目、纤维经向和蜂窝条带方向等。

(4)按照设计和工程图纸中规定的测试方法对工艺试样进行测试，测试环境为 23 ℃±2 ℃。

(5)对测试结果出具正式测试报告并提交鉴定小组。报告中应包括所有用

于测试的材料、设备、原始数据、测试结果等。

(6)测试结果中允许存在不超过2个的异常数据,但制造商必须提供足够的证据,证明异常数据是由于测试操作不当引起的。

(7)提交试板制造现场指导工艺文件以及生产记录副本。

对不同材料的工艺试样,按照相关工艺规范中工艺鉴定的要求进行理化性能测试。

无损检测工艺鉴定按照相应的无损检测工艺规范进行。

供应商应具备相应材料的物理、化学、热分析实验能力。在实验室能力鉴定中,保证符合下列条款要求:

(1)测试人员应经过培训考核,持证上岗。

(2)实验室的温度、湿度、颗粒度应符合相应测试标准的要求。

(3)测试设备应具有合格证、校验计划和保养计划。

(4)测试所用的夹具应符合相应测试标准的要求。

(5)对于实验室测试试样,有明确的管理程序。程序中至少应包括对不同类别、不同状态(例如未测试与已测试、未处理与已处理)的测试试样的隔离或标识。

(6)如果由实验室自制试样进行测试,那么实验室也应该通过相应的制造工艺鉴定。

(7)保存已经测试的试样和记录。

5. 其他

如果制造商预期的生产制件上含有某些特殊功能,则应考察供应商制造、试验这些功能,例如导热、绝热的能力,透波、吸波的能力,导电、绝缘的能力,等等。

4.4　工艺能力鉴定批准

完成工艺能力鉴定的现场审核之后,由制造商编制工艺能力鉴定报告,提交鉴定小组评估、审核。工艺能力鉴定报告中需包含试验标准值、试样的平均值、标准偏差、最大偏差等数据。鉴定报告中还应包含审核过程中提出的不符合项和建议项。只有在没有重大不符合项,且纠正措施已经全部关闭的情况下,鉴定小组才能批准工艺能力鉴定报告。

批准的工艺能力鉴定报告是将制造商列入供应商目录的依据。只要制造商已经完成同种类型的工艺能力鉴定，且不超过规定的时限，制造商就可以直接提交工艺能力鉴定报告，列出工艺能力的符合性状况，提交鉴定小组批准。鉴定小组可根据型号实施状况、制造商生产能力状况、工艺成熟度等，批准/拒绝供应商的工艺能力鉴定报告。

4.5 鉴定的保持

已批准过的制造商欲将永久地保持已鉴定状态，其必须满足如下条件：

(1)按照工艺规范和图纸要求生产合格制件；

(2)生产产品的间隔没有超过两年；

(3)生产工艺没有变化，生产工艺波动没有超出范围；

(4)生产场地没有变化。

对于已鉴定的制造商，鉴定小组可以根据制造商的产品质量情况进行必要的专项审查。若专项审查通过，则制造商可以继续保持已鉴定状态；若专项审查未通过，则制造商需要重新鉴定。

第五章 复合材料制造设备鉴定

本章是目前最好的一章，也是将来最差的一章。

说它最好，是因为它可以直接应用到鉴定过程中；说它最差，是因为它规定得太具体，没有扩展空间。

设备鉴定指对复合材料生产中主要的工艺设备进行鉴定。复合材料制造设备通过鉴定是用该设备制造合格复合材料制件的必要条件。设备鉴定在复合材料鉴定体系中处于工艺能力鉴定条目下，是工艺能力鉴定的一个方面。设备鉴定在复合材料工艺能力鉴定的过程中实施，先于制件的研制和批产的过程。

设备鉴定合格的判据包括两个方面：设备合格，且具备生产复合材料制件的能力。具体来看，包括下述内容：

(1)合格的人员操作设备；

(2)设备本身各项指标符合要求；

(3)设备具备操作程序，且经过验证，包括软件；

(4)设备能力与待生产零件的要求相符。

现在介绍复合材料设备鉴定的要求和程序。

5.1 通用要求

复合材料制件制造设备应在零件制造之前完成鉴定，并得到批准。不在下述条目中的设备，例如烘箱、压机、控制污染区设备、环境监控区设备、机械加工设备等其他设备、设施，应符合相应制造标准的要求，并按照相应规定执行。

1. 热压罐

(1)热压罐内部应干净，没有污垢、油脂或对结构成型有损害的物质。

(2)热压罐应安装压力和温度报警装置。

(3)如果在热压罐中使用了易燃材料，或当固化温度高于 125 ℃时，推荐加压时注入二氧化碳或氮气。

(4)在热压罐满载的情况下，加压、加热以及冷却能力应满足适用工艺规范中的固化要求。一般的压力操作范围为－0.08～1.04 MPa，固化温度范围为93～204 ℃，升降温速率为0.16～5 ℃/min。温度和压力仪表可以由计算机集成系统替代，但是集成系统的精度和校验周期与仪表要求一致，且验证合格。热压罐最大装载量不得超过满载试验时的装载量。

2. 自动下料机

(1)裁片方向公差应在所适用的工艺规范或工程图纸范围内。

(2)切割的裁片尺寸应大于要求的尺寸,且在 2.5 mm 的范围内。

(3)裁片上应包含料片标识、基准点、料片方向等信息。

3.激光投影仪

(1)激光投影铺层定位仪应该带有工装定位系统。

(2)投影线在整个工作区的最大宽度为 1.9 mm。

(3)投影线的中心线应全部在指定线的±0.76 mm 以内。

4.铺带/铺丝设备

(1)自动铺带/铺丝机应带有工装定位系统。

(2)具有加热能力的自动铺带/铺丝机应装有热源监控系统。温度组合精度应该在±3 ℃以内。

(3)自动铺带/铺丝机应装有监控带头压力的系统,压力监视系统的精度应该在±2%内。

5.分切机

(1)预浸料分切机应能分切预浸料,并能将分切的预浸料重缠成卷。

(2)分切带测量宽度区分为铺带和铺丝两种。铺带材料应在目标带宽±0.51 mm以内,铺丝材料应在目标带宽±0.127 mm 以内,或按鉴定计划规定。

(3)分切带的边缘长度每 305 mm 偏离直线不应大于 0.64 mm,并且应与隔离纸齐平。

(4)分切带不应有扭曲、弦形、边缘磨损、污染、纤维松弛、折叠、翘曲、皱纹、不连续的纤维(齿边)或对带叠层工艺有害的质量缺陷。

(5)确保分切带与起始卷平行。对于分切边,剪切宽度和容差应是名义宽度±0.51 mm。在起始卷的拼接位置的超差情况是允许的。

(6)分切带卷/筒边校直不应偏出要求尺寸±1.00 mm,或按鉴定计划规定。

6.热隔膜成型机

(1)热隔膜成型机应配备预浸料装载量、工装和互有关联的机器检索系统(依据设备的型号确定,该部分也可以手动设定控制)。

(2)热隔膜成型机应配备对离热源最近的预浸料的表面温度进行监控、控制和记录的系统。

(3)温度记录系统(包括热电偶)在设备操作范围内检定合格的联合精度为±3 ℃。

(4)温度记录系统应能同时记录经过的时间,其检定合格的精度为实际经过时间的±2%。

(5)最接近零件表面热源的温度均匀性越高越好,且从最低温到最高温制件的温差不超过 12 ℃。

(6)热隔膜成型机应配备能控制升降温速率的系统,预浸料按该速率在工装上成型。

(7)热隔膜成型机应配备能对真空压力和/或加到真空袋膜上的压力值进行监控、控制和记录的系统。

7. 烘箱

(1)烘箱应配有温度监视、控制和记录的系统。

(2)温度记录系统(包括热电偶)在设备操作范围内检定合格的联合精度为±1.1℃。

(3)应保证烘箱系统精度和温度均匀性合格。系统的精度至少一年检测一次,温度均匀性半年检测一次。

8. 控制污染区

(1)温、湿度记录仪。温、湿度记录仪应能 24 h 连续记录和打印,有定期监控检查记录,并定期进行校验。

(2)尘埃粒子计数器。尘埃粒子计数器应放置在控制污染区靠近实施铺贴的区域。如果区域面积较大,则应以一定频率在几个位置上移动计数器来测量粉尘数。不能将其放在没有人员、车辆通行/移动的孤立的角落。应定期对其进行校验。

(3)油水分离器。油水分离器必须定期进行清洗、检测并记录,必要时更换油水分离器的滤芯。

(4)空气过滤器。在空气过滤器前、后设置压差计并配报警系统,对空气过滤器定期检查、清洗或更换。

(5)风淋室。风淋室应每天清洁干净,风机系统、抽风口及风量应符合要求,控制系统工作正常。

(6)压力计。压力计应放置在控制污染区内,测量其正压,并定期进行校验。

(7)位置要求。控制污染区不应安排在粉尘污染源(如锅炉房、吹砂间、木工间和铸造车间等)的下风位置。

(8)结构要求。控制污染区应采用密闭式、人工采光的厂房结构。空调及通风管道应置于吊顶之上,不得露置在室内。应采用不起尘、不剥落、易清洗的墙壁及天花板和地板。应防止出现冷凝水滴及管子等物体的锈蚀物。入口处应设有风淋室和除尘装置。当采用玻璃窗结构时,应选用密封的双层玻璃窗,并且还应配备消防设施和通风装置。对于控制污染区的工作区、原材料存放区、废料回收区,各自应规定明确的位置界限以及范围,避免整个控制污染区的秩序混乱。

(9)照明要求。控制污染区应有良好的照明设施,建议照度至少为 200 lx。如有必要,所有灯具应加装防爆装置。

(10)温、湿度要求。控制污染区温度应控制在 18~30 ℃,相对湿度不大于 65%。对温、湿度必须进行 24 h 连续记录和打印。

当温度超标时,对零件与出现偏差的环境实行隔离。给零件制真空袋,再把工装挪进符合要求的控制污染区或者使零件处于真空袋中;若温度超过上限,将低温材料重新装袋密封后放入冰箱贮存,同时按相应文件对低温材料记录增加的暴露时间,对材料先用聚乙烯薄膜覆盖保护,再提交质量部门处理。应实时监控控制污染区,使零件在高湿度下的暴露时间最短。如果零件在高湿度下经历了长期暴露,比如暴露时间超过了 0.5 h(环氧树脂会很快吸收水分),则零件应报废。

(11)正压要求。控制污染区内部相对于外部应有 10~40 Pa 的正压力差。

用装在控制污染区的压力计来测量正压。压力计读数随控制污染区里门的开启和关闭而波动。每天都应检查并记录一次压力。

(12)粉尘数量要求。控制污染区空气入口处应设有控制污染设施,对进入控制污染区的空气进行三级过滤,保证控制污染区内粒径为 10 μm 和大于 10 μm的粉尘数量不多于 4 个/L。用设在控制污染区内的尘埃粒子计数器进行粉尘统计。控制污染区内的粉尘数量应每天进行检测(电脑自动显示),每周检查并记录一次。

当粉尘数量超标时,先把控制污染区内的材料、半成品等用聚乙烯薄膜覆盖保护,再提交质量部门处理。

(13)压缩空气的要求。压缩空气源应通过油水分离器进行过滤,去除油、水、粉尘或其他污染物。每周检查压缩空气的清洁度,并作记录。必要时更换油水分离器的滤芯。

(14)个人保护装备要求。所有人员都不应直接接触原材料，进入控制污染区的所有人员都应穿戴个人保护装备以限制污染和减少接触有毒材料。当离开控制污染区时，应去除个人保护装备。个人保护装备不要在控制污染区外面使用，且避免个人保护装备受到污染。当在控制污染区里接触材料时，工作人员须戴干净的聚乙烯手套或细纱手套。在离开控制污染区时脱掉手套，在重新进入控制污染区时再戴上手套(通常戴一副新手套)。在材料有高挥发物含量的地方，应使用呼吸保护设备。

(15)清洁要求。控制污染区内允许的清洁方法如下：

1)用水拖洗或擦洗。使用水浸湿的拖把或擦布进行拖洗或擦洗。水不应接触未固化的预浸料、胶黏剂或零件。

2)溶剂清洗。使用清洁的擦布，用溶剂(丙酮或丁酮)进行清洗。溶剂不应接触未固化的预浸料、胶黏剂或零件。

3)真空吸尘。废气须排到控制污染区外或经过滤达到进入控制污染区的空气的清洁度后才能排放。

当任何铺贴操作都已停止，零件已被覆盖时，才可实施清洁操作。具体清洁程序如下：

1)应从相距 0.6～0.9 m 的地方检查工作台、地板、手动工具或其他与胶黏剂相接触的设备，上面应无明显的脏物、灰尘和其他污染物。每天至少检查、清洁一次，需要时应随时进行清洁。

2)去除架子、柜子、工装框架上的灰尘及其他脏物应每周进行一次，需要时应随时进行清洁。

3)应从相距 1.8～2.4 m 的地方检查墙壁、天花板、梁、高架夹具、灯具、轨道及其他区域，上面应无明显的脏物、灰尘和其他污染物。每月至少检查、清洁一次，需要时应随时进行清洁。

4)在将材料、零件、设备、运送工装的拖车、工装、车间辅助工具、夹具和卡具送进控制污染区前，应对它们实施清洁，去除上面的灰尘、油、脂或其他妨碍胶接的污染物。应从物流入口进出，当工装从控制污染区取出又重新进入时需再次清洁。

(16)人员进出控制要求。人员应从风淋室进出控制污染区。进入风淋室入口前，应穿戴个人保护装备；在风淋结束后方可走出风淋室，进入控制污染区。

(17)允许在控制污染区内实施的操作如下：

1)真空袋制备。

2)渗漏检查。

3)预浸料或胶膜的晾置调温、下料(剪裁)、切割、铺贴、工艺组合、装配和固化准备。

4)芯子的胶接和灌封。

5)底胶厚度检验。

6)允许从已固化的零件上去除剥离层，去除剥离层时应远离未覆盖的预浸料/未固化的胶膜至少 3 m。

7)组装金属胶接件时,要求在使用胶膜之前对零件实施预装配,允许在控制污染区内修整金属零件,使组件符合图样要求。典型的操作是用铁皮剪和锉刀修整金属零件,用砂磨块降低芯子厚度。不应在组件上修整、砂磨,应远离组件。典型的操作是在废料容器上面修整、砂磨。如果在厚零件(厚度≥2 mm)上修整,则边缘应用阿洛丁处理。打磨时应离那些没有覆盖的预浸料或未固化的胶膜至少 15 m,打磨的粉尘应抽真空除去。

(18)控制污染区内禁止的行为如下:

1)禁止混合交叉作业(如金属胶接操作和复合材料操作的混合交叉)。

2)禁止吃(包括咀嚼口香糖和烟草)或喝东西、吸烟,应在控制污染区外面张贴相应的禁止吃、喝东西和吸烟的标志。

3)禁止使用蜡、滑石粉、手膏、液体脱模剂、导电涂层和含未固化硅树脂的化合物及任何其他对胶接不利的材料。

4)禁止使用未经批准的清洗溶液和清洗程序。

5)禁止运转内燃机。

6)禁止在控制污染区里进行能产生大量粉尘的操作,如机加工、打磨、钻孔、砂磨、铣切。

(19)区域隔离要求。

控制污染区与其他区域的隔离要求:应将控制污染区和毛边铣切/去除/砂磨区实行隔离,以避免引入污染物。

金属胶接工作台与预浸料铺贴区的隔离要求:可以在同一控制污染区实施金属胶接、预浸料的铺贴和组合(但是应将这两个区域隔离开)。这种隔离包括:做出标记,工作台专用,车间辅助工装专用。另外,应在同一区域、同一工作台或同一自动下料机上切割。

如果满足以下条件,则可以不隔离:

1)切割台不接触暴露的预浸料或胶膜(材料有适当的保护性背衬)。

2)金属胶接用胶膜在每个表面都有保护膜。

3)金属胶接铺贴工作台是专用的。如果暴露的预浸料或其他胶黏剂污染了金属胶接工作台,则应在使用工作台之前进行清洁。

(20)对废料容器的要求。不要在控制污染区清空不带衬里的废料容器。对于带衬里的废料容器,可以先在控制污染区对衬里实施密封,再将衬里运出控制污染区。

(21)对手工下料台的要求。用来切割预浸料或胶膜的手工下料台的台面不能用金属材料制作,应由自身不会污染预浸料或胶膜的材料制成,台面的更换频率根据实际使用情况而定。可用的台面材料有以下几种:

1)玻璃;

2)复合材料层板;

3)聚氨酯板;

4)聚乙烯板;

5)橡胶垫。

9.环境监控区

温、湿度记录仪:应能 24 h 连续记录和打印,有定期监控检查记录,并定期进行校验。

油水分离器:必须定期进行清洗、检测并记录,必要时更换油水分离器的滤芯。

(1)环境监控区可以作为一个单独的房间封闭起来,或者是厂房内部的一个区域。封闭时可用墙壁封闭,没有正压要求。应有良好的通风装置。

(2)温、湿度要求。

1)温度:15~35 ℃;

2)相对湿度:不大于 80%。

(3)环境监控区允许进行芯子加工,室温胶接,湿法铺层,芯子拼接、稳定、灌封和配套,泡沫胶使用,嵌件封装,一般性密封,芯子、表面处理过的零件和预固化的非金属零件的贮存等。

(4)区域隔离要求。对环境监控区中的修整区、铣切区、剥离区和打磨区实行隔离以避免污染。当进行灌封、芯子加工或使用泡沫胶时,不允许以任何方式在环境监控区内产生灰尘或任何污染物。当这些操作都已停止,零件已被覆盖时,才可进行清洁操作。

10. 冰冻、冷藏贮存设备

(1)冰冻、冷藏贮存设备应配备温度监控、控制和记录系统。

(2)温度记录系统(包括热电偶)在设备操作范围内检定合格的联合精度为±1.1 ℃。

(3)冰冻、冷藏贮存设备应保证系统精度和温度均匀性合格。系统精度的检测至少一年一次,温度均匀性检测半年一次。满足上述要求的设备不需要进行其他鉴定操作程序。

(4)使用先进先出的方式贮存材料。

11. 工装工具

工装材料可根据零件的复杂程度、结构情况、成型温度、工艺操作方法、装配要求、产品表面质量及生产批量选用金属或非金属材料。

凡需加温、加压和抽真空成型的零件,其工装应保证气密性,具有良好的热态刚度、传热效果和温均性,并且留有足够的制袋余量。

工装表面应有清晰的基准线、轴线、边缘线及边缘参考线等并打标记。一般采用阳模成型,并且要考虑使用方便;零件表面若要求光滑流线及装配协调关系,可选取阴模成型;对于形状特别复杂、不易脱模的零件,可选用组合工装;对于内外形要求严格,厚度公差要求严格,且形状复杂的零件,除选用组合模外,还需选用匀压板和控厚条。

工装和加压装置设计必须保证任一零件可以从工装中较容易地取出(没有损坏危险),且该零件符合制造文件的要求。工装应有合格证。

工装应进行热分布试验和渗漏检查。

5.2 热压罐鉴定

1. 温度控制要求

(1)用于温度均匀性和系统精度测试的热电偶应使用直径 0.8 mm 或更细的线,建议选取 0.5 mm 的热电偶线。热电偶应校验合格,且要求在 40～185 ℃的温度或引用的工艺规范允许的最低和最高温度之间,或者更大温度范围的一个的范围内,精度在±1.1 ℃。热电偶的绝缘体应无孔并且具有良好的耐压性能。

(2)热压罐通常采用16个或者更多用于控制、监测和记录温度的热电偶,具体需要热电偶的数目应参照适用工艺规范。

(3)温度应在整个固化过程中连续记录。至少每6 min记录一次,可以多点记录。在正常的试验操作过程中,导线、接连盒以及记录仪的系统精度应在±3 ℃之内。

(4)在热压罐加热的情况下,罐内任意两点的温度差不应超过10 ℃。

(5)在开始热压罐鉴定前,要确保热压罐系统精度和温度均匀性合格。系统精度的检测至少一年一次,温度均匀性检测每半年一次。

2. 压力控制要求

(1)在整个固化过程中应保证固化零件的真空袋内压力和罐内压力受到监控。

(2)真空袋内压力在−0.09~0.2 MPa的精度要求见表5.1。

表5.1　压力控制精度范围

序号	压力范围	控制精度
1	−0.09~0 MPa	±0.005 MPa
2	0~0.2 MPa	±0.007 MPa

(3)在整个固化过程中,需要使用一个或者两个压力记录仪器连续记录热压罐内压力,其记录精度要求见表5.2。

表5.2　压力记录精度范围

序号	压力范围	记录精度
1	0 ~0.69 MPa	±0.014 MPa
2	0.69 MPa以上	整个读数的2%

注:压力刻度值每格不应超过0.035 MPa。

(4)热压罐内的袋内真空压力系统应保持气密、无渗漏,并且有单独接通大气的管路。

(5)热压罐的真空压力仪表、真空压力记录仪表和真空传感器应每6个月定检一次,压力仪表、压力记录仪表和压力传感器应每年检定一次。

3. 安全控制要求

(1)热压罐内应装有照明灯及红色应急开门手柄,以保证被误关入罐内人员的安全。

(2)罐门与加压机构应有互锁装置。罐门未关闭锁紧时,罐内加不上正压,而罐内压力未降至零时,罐门将无法打开。

4.时间记录要求

在整个固化周期,对升温、恒温以及降温时间都应监控和记录。记录的精度应在实际固化时间的±2%之内。时间仪表的精度测试应每半年进行一次。

5.空载试验

(1)对于容积小于300 m^3的热压罐,按照图5.1要求的位置布置9个热电偶。对于容积大于300 m^3的热压罐,分成若干300 m^3和多余部分,300 m^3部分按照图5.1布置9个热电偶,对于多余部分则参照图5.1根据比例布置热电偶。

(2)连接热压罐真空管路,封闭端头。

(3)热压罐加压到0.3 MPa±0.035 MPa,按照下列要求进行渗漏检查:

1)充分抽真空,压力至少达0.080 MPa。

2)关闭真空源。

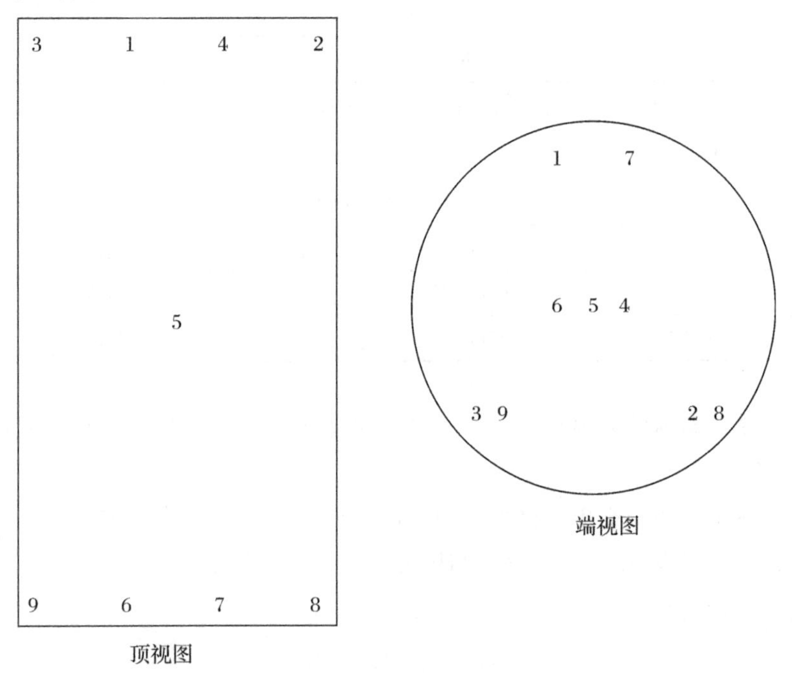

图5.1 测试热电偶分布图

3)查看真空读数表，看其在 10 min 之内渗漏是否超过 0.017 MPa，如果超过这个值，中断所有操作，排除渗漏问题。

4)在完成上述测试之后，真空管路通大气。

(4)继续加压到 0.69 MPa±0.035 MPa 或最大的鉴定压力。最大的鉴定压力取决于适用工艺规范的要求。

(5)以 5 ℃/min 的速度加热到 125 ℃。在控制热电偶达到 125 ℃后的 10 min之内，其他每个热电偶的读数应达到 125 ℃±5 ℃。

(6)如果需要鉴定的温度为 180 ℃，以 5 ℃/min 的速度继续加热到 180 ℃。在控制热电偶达到 180 ℃后的 10 min 之内，其他每个热电偶的读数应达到 180 ℃±5 ℃。

(7)如果需要鉴定的温度为 204 ℃或者更高，以 5 ℃/min 继续加热到最高温度。在控制热电偶达到最高鉴定温度之后的 10 min 之内，其他每个热电偶的读数应达到最高鉴定温度±5 ℃的范围之内。

(8)降到 50 ℃左右并且按照要求释放压力。

(9)压力/温度记录应包含在鉴定报告中。

6. 满载试验

(1)热压罐装载量取决于批生产中可能需要的最大装载量。装载可包括托架、工装及固化或未固化的层压件边角料。它们的热容和热传导性应与实际需要生产的零件相似。

(2)试验至少需要制作两个真空袋，一个置于最大质量工装上，一个置于最小质量工装上。

1)按照相关工艺规范制作真空袋。应至少使用 6 个热电偶连接热压罐温度记录仪。热电偶放置到零件边缘或产品余量上面。

2)每个真空袋内至少应连接一个压力传感器，并按照下列任何一种方式测量袋内压力(推荐采用抽测分离的系统)。

a. 终端仪表真空/压力传感系统。每个真空袋内连接一个压力检测管，至少将一个压力检测管连接到离通大气管最远的地方，检测管不允许通大气(见图 5.2)。

b. 真空/通风/压力传感组合系统。至少将一个真空/通风/压力检测管连接到真空袋内。真空袋在整个固化期间应始终通大气，但检查真空袋内压力读数时，通大气管应停止通大气 1～2 min(见图 5.3)。

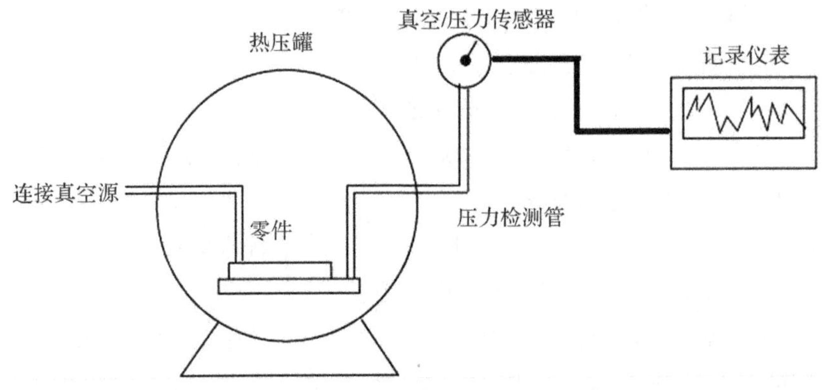

图 5.2 终端仪表真空/压力传感系统

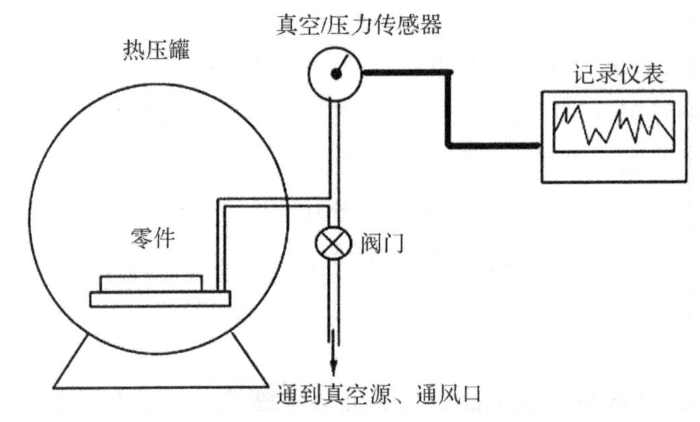

图 5.3 真空/通风/压力传感组合系统

(3)对蜂窝夹层零件应加压至 0.3 MPa±0.035 MPa,对非蜂窝夹层零件应加压至 0.69 MPa±0.035 MPa。

(4)选择升温速率对热压罐升温,滞后热电偶计算出来的升温速率不低于表 5.3 中的数值。领先热电偶的升温速率不允许超过 4.4 ℃/min。升温速率应每隔 10 min 计算一次,接近保温点时除外。

表 5.3 升温速率要求(1)

序号	温度范围	最低要求
1	55～90 ℃	1.1 ℃/min
2	90～110 ℃	0.5 ℃/min
3	110～120 ℃	0.16 ℃/min

(5)在领先热电偶达到 120 ℃之后,允许最长恒温 60 min 来使零件达到温度均匀。零件上每个热电偶应在 125 ℃±5 ℃至少保持 30 min。

(6)如果需要鉴定 180 ℃,继续加温,从滞后热电偶计算出来的升温速率不

低于表 5.4 中的数值。领先热电偶的升温速率不允许超过 3 ℃/min。

表 5.4　升温速率要求(2)

序号	温度范围	最低要求
1	125～165 ℃	0.5 ℃/min
2	165～175 ℃	0.16 ℃/min

(7)在领先热电偶达到 175 ℃之后，允许最长恒温 60 min 来使零件达到温度均匀。零件上每个热电偶应在 180 ℃±5 ℃至少保持 30 min。

(8)在试验过程中，热压罐的压力应该始终保持在 0.3 MPa±0.035 MPa 或 0.69 MPa±0.035 MPa 之内。

(9)在做上述测试的时候，按照下面的方法测试真空袋内压力。

1)如果使用的仪表能连续地测量真空袋内压力，则需验证真空袋内压力不超过 0.035 MPa。

2)如果使用的仪表只能手动测量真空袋内压力，则应记录下列时间点的真空袋内压力并对其进行验证(不应超过 0.035 MPa)：

a. 热压罐到达全压；

b. 达到 120 ℃或 175 ℃、204 ℃或其他要求的固化/后固化温度的恒温开始时；

c. 恒温状态结束，并开始降温。

(10)使用不超过 3 ℃/min 的速率冷却到 50 ℃。温度达到 70 ℃的时候，压力至少为 0.27 MPa。温度达到 50 ℃的时候，压力至少为 0.069 MPa。在 50 ℃的时候释放剩余压力，终止运行。

(11)压力和温度记录应包含在鉴定报告中。

(12)如果需要鉴定到 204 ℃或者更高的温度，则继续加温(以不超过 4 ℃/min 的升温速率加温)。在领先热电偶达到要求的温度−5 ℃的时候，允许最长恒温 60 min 来使零件温度均匀。零件上每个热电偶应该在鉴定温度±5 ℃内至少保持 30 min。

(13)保存压力和温度记录数据。保证有足够的数据清晰地表述上述试验的结果。

5.3　自动下料机鉴定

(1)对将要使用的每一纤维类型的预浸料，按图 5.4 切割成 5 片。预浸料应足够长，长度应达到下料机所切割的最大长度。

(2)对于连续行程的下料机，设备的任意位置均应满足鉴定要求。可以要求在任意位置开始下料机的鉴定操作，以满足全行程下料机的鉴定要求。

(3)每一片按下列要求切割：

1)布层方向公差应在适用工艺规范或工程图样范围内；

2)布的尺寸公差在 2.5 mm 内(见图 5.4)；

3)切割操作不允许对预浸料造成工艺规范规定范围之外的污染、起皱、扭曲。

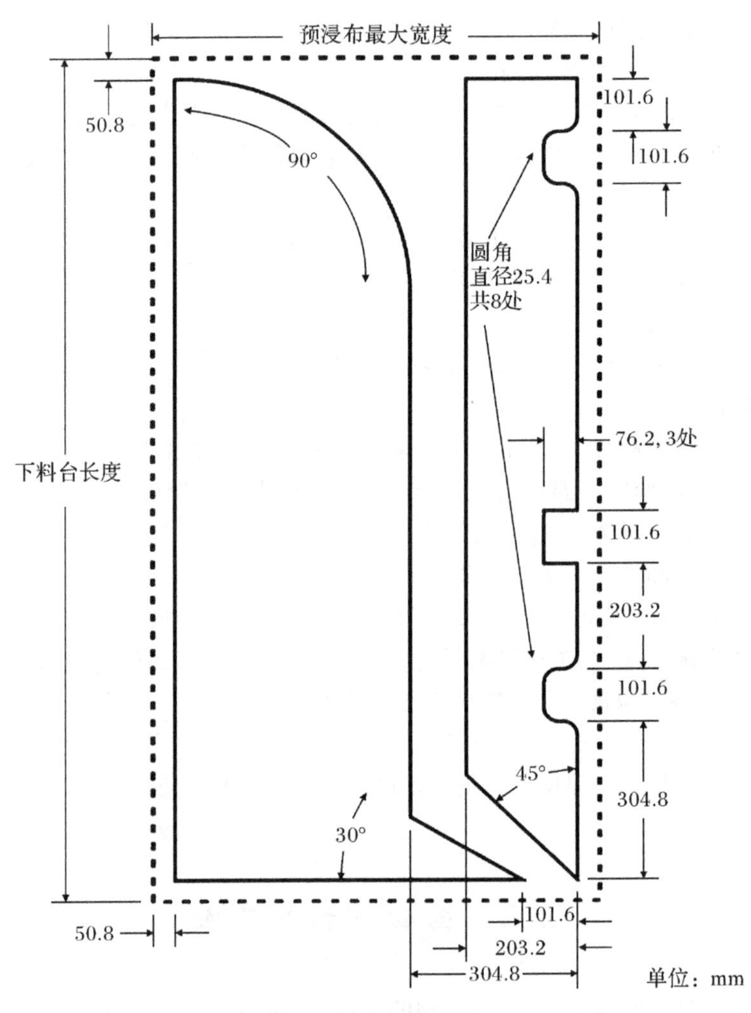

图 5.4　下料料片图

5.4 激光投影仪鉴定

下述列出的操作试验应在每个工作单元进行一次。完全等同的设备(同样制造商、型号和软件/操作系统版次),只要经下述步骤验证合格,则不需重新鉴定,在一个工作区内可以视为一套系统。

(1)已定位有试验样片的工装应放在工作区的中心。

(2)用与生产中使用的类似的参考点数目和程序,把工装安排至激光投影铺层定位仪。

(3)按图 5.5 或设备鉴定计划中相应的规定投影样片,投影线的最大宽度为 1.9 mm。

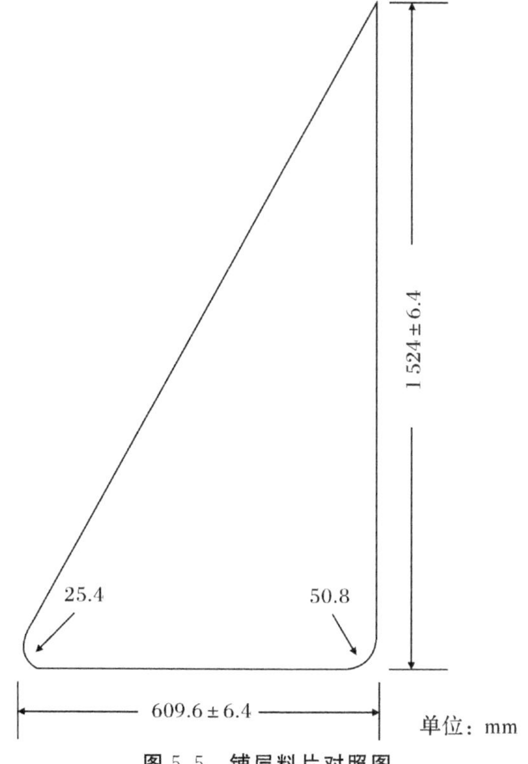

图 5.5 铺层料片对照图

(4)投影线的中心线应在指定线或设备鉴定计划中规定的线±0.76 mm 范围之内。

(5)如果一个或多个投影仪共同用在同一个零件上,相邻线的中心线应校直在 0.76 mm 范围之内,并且每条线都应在指定线±0.76 mm 范围之内。

(6)将工装移动到不同位置,重复上述(2)~(4)步操作,在层定位仪覆盖的范围内,应尽可能离第一个位置远一些。对于固化工装固定在单独的位置并且正在生产的零件不大于试验样板尺寸的125%的工作区,此步骤可以省略。

5.5 自动铺带/铺丝机鉴定

1.鉴定程序的选择

自动铺带/铺丝机的鉴定分为1类和2类两种,依据零件的类型选择不同类型的鉴定。1类适用于平直零件制造的鉴定;2类适用于曲面、复杂零件制造的鉴定。

2.1类鉴定程序

分别在与工装上已有参考线成0°、15°、30°、45°、90°、135°方向上进行下述试验。

(1)使用与生产中相似数量的参考点和相同的程序。

(2)沿长度方向铺三条预浸料,料边对接到一起,形成一个连续的铺层。如果覆盖长度小于机器,可铺带行程的50%,应进行两次试验。否则,在每个方向上只进行一次试验。

1)铺层长度应在鉴定计划中说明,且应基于设备的能力以及设备的预定用途。

2)铺放和切割的速度应为在生产中所用到的最大速度。

3)铺放路线可以是单向或双向,应包含生产中用到的每一种情况。

4)在每个方向上,至少有一个铺层末端和一个铺层开始端分别在与纤维成45°和90°的方向上切割。

5)热源温度不能超过适用工艺规范规定的最高温度。

(3)铺带机上铺贴好的带遵循下面的要求:

1) 铺层方向公差在适用的工艺规范或工程图纸规定的范围内。

2) 铺层的边缘应在理论边缘+2.5 mm以内。

3) 拼接的公差符合适用工艺规范的搭接和对接要求。

4) 预浸带不允许存在超出工艺规范规定范围的起皱或变形。

(4)铺丝机上铺丝精度遵循下面的要求:

1)丝束截断时断口高度差小于0.5 mm,无劈丝、毛茬。

2)纤维丝束送进偏差不超过±2 mm。

3)平面铺放时同一组内相邻纤维丝束间隙为 0～0.5 mm;曲面铺放时同一组内相邻纤维丝束间隙为 0～2 mm。

4)铺放加热温度控制精度:设定值(单位℃)±3 ℃。

5) 铺放滚压力控制精度:设定值(单位 N)±5%。

3.2 类鉴定程序

(1)常规曲面零件使用 2 类鉴定程序。对于简单曲面且形状基本平直的零件,可以使用 1 类鉴定程序。

(2)对于大曲面或者外形复杂零件,使用代表最小转弯半径或最大变化的外形,并且在打算用于生产的工装上进行 1 类零件规定的那些试验。

5.6　热隔膜成型机鉴定

热隔膜成型机鉴定操作试验要求如下:

(1)按照设备鉴定计划和制造零件的典型构型制造,或者设置模拟零件。

(2)给零件表面连接足够的热电偶,以便监控所有可能的热和冷区域的温度,如果有多个加热器控制区,则每个控制区至少使用两个热电偶。如果模拟零件不是全尺寸,保留区域的热电偶将放置在至少为 100 mm×100 mm 的模拟最薄生产零件的相同材料的垫块上。对于隔膜上面具有加热源的设备,把热电偶装在零件靠隔膜一侧表面上,对于工装下面(或里面)具有加热源的设备,把热电偶装在零件靠工装一侧的表面上。

(3)以设备鉴定计划中列出的最大速率加热,直到控制热电偶达到相应工程规定或按设备鉴定计划中规定的允许的最高温度－6 ℃。控制热电偶是用来控制工艺过程的温度和加热速率的设备热电偶。

(4)保持控制热电偶的温度在相应工程规定允许的最高温度－6 ℃(或按设备鉴定计划中的规定),直到所有热电偶获得温度均衡状态。从领先热电偶超过名义使用温度到滞后热电偶降到名义使用温度以下的时间应小于相关工程规定允许的最大成型时间。成型开始时,每个热电偶指示的温度应在控制热电偶指示的温度－6 ℃范围之内,而且任何热电偶均不应超过最大温度。

(5)以设备鉴定计划中列出的速率成型模拟零件。

(6)停止加热,并让隔膜冷却。

(7)成型的模拟零件不应有超出工程规定的皱折、折痕或任何其他缺陷。

5.7 预浸料分切机鉴定

预浸料分切机鉴定操作试验要求如下：

(1)按鉴定计划把生产中使用的每种纤维型的一卷预浸料分切成一套卷。用于试验分切料卷的宽度应是生产中使用的最小分切带宽。每一个分切卷均应满足铺带机或者铺丝机的要求。

(2)测量分切带的宽度，最大误差不超过 2 mm。

5.8 工装渗漏和热分布

1.通用要求

(1)新制工装使用前应进行渗漏和热分布试验。

(2)热分布试验前应借鉴已有经验或利用模拟软件进行充分分析论证，编制合理可行的热分布试验计划，并提交鉴定小组审批。待计划批准后进行热分布试验。

(3)尺寸小于 0.5 m^2的平直工装不需要热分布试验。热电偶在工装边缘靠近零件处或在零件余量处任意两个对角位置放置。

(4)对于平板工装，且厚度均匀的工装可以不用进行热分布试验。热电偶位置一般放在斜对角处。

(5)对于同一零件族，当工装材料相同、结构相似时，若在该族中选择一个代表件进行热分布试验，试验结果能够用于族内其他零件的热分布状态的有效判定，则只需把其他零件纳入试验报告。

(6)材料结构完全相同的复制工装不需要做热分布试验，在原工装热分布试验报告中增加复制工装信息即可。

(7)当零件、工装发生任何更改时，如果更改可能会对零件或工装的加热速率、固化温度、冷却速率或对领先或滞后热电偶的位置产生不利影响，就需要重新完成热分布试验。

(8)热分布试验完成后，编制试验报告。

(9)渗漏试验可以在室温下进行，制袋，抽真空至少达 0.95 MPa。停止抽真空，并封闭真空袋，在 10 min 内真空度下降不得超过 0.01 MPa。同样的操作程序也应在高温下进行(通常是 120 ～130 ℃)，渗漏的要求一致。

2. 热分布试验工作流程

零件工装热分布试验工作流程如图 5.6 所示。

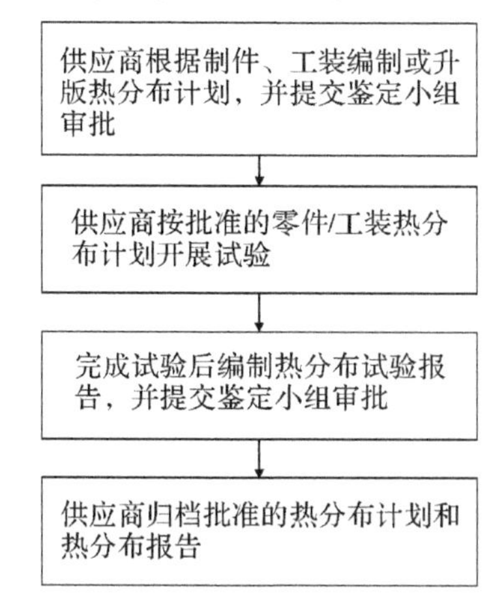

图 5.6　零件工装热分布试验工作流程图

3. 零件工装热分布试验程序

为了证明工装的加热和冷却速率及零件的固化温度能保持在相关工艺规范要求的范围之内，需要进行零件工装热分布试验。热分布试验显示工装或零件余量处的热电偶位置与加热和冷却过程中零件的温度领先和滞后位置之间的关系，这种关系提供指示零件温度的方法，而不是实际上将热电偶嵌入生产零件中。

(1)试验流程。热电偶位置的选择以及热分布试验的基本流程如图 5.7 所示。

(2)热电偶放置位置的选择。以下热电偶位置的选择要求都是最基本的要求。做热分布试验的时候应考虑到零件所有可能的传热最快或者最慢的位置。

1)领先热电偶位置的选择。

a. 零件带余量。

ⅰ)零件领先热电偶位置：在零件的拐角或者薄层压区域，在铺层的最后两层预浸料(靠袋面)之间的零件余量处至少放置 4 个热电偶。

ⅱ)工装领先热电偶位置(当不选用零件余量处的热电偶作为领先热电偶时适用)：在工装和隔热层间放置热电偶，热电偶要与工装和隔热层直接接触。建议隔热层使用干玻璃布(如 76 mm×76 mm 干玻璃布垫)。

注：在每个零件热电偶位置放置几个带有不同层数隔热层的工装热电偶，以

帮助确定隔热层厚度，因为其中总有一个工装热电偶更靠近零件领先热电偶，以与之匹配。

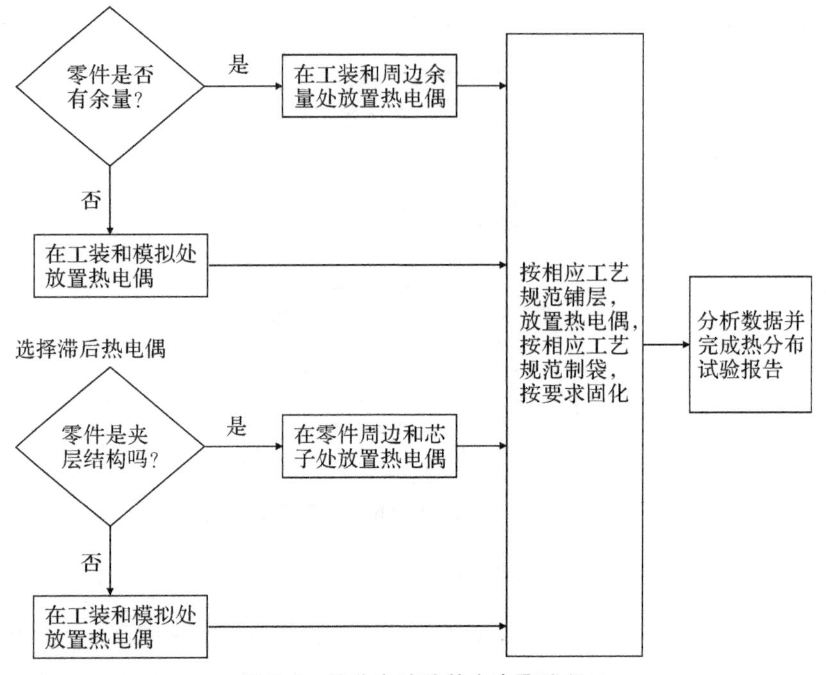

图 5.7　热分布试验基本步骤流程

b.零件没有余量。

ⅰ)零件领先热电偶位置：在零件拐角或薄层压区域，铺层的最后两层预浸料(靠袋面)之间，距零件边缘的 50 mm 之内至少放置 4 个热电偶。

ⅱ)工装领先热电偶位置：在工装和隔热层间放置热电偶，热电偶要与工装和及隔热层直接接触。建议隔热层使用干玻璃布(如 76 mm×76 mm 干玻璃布垫)。

注：在每个零件热电偶位置放几个带有不同厚度的隔热层的工装热电偶，用以确定隔热层厚度，因为其中总有一个工装热电偶更靠近零件领先热电偶，以与之相匹配。

2)滞后热电偶的选择。

a.滞后零件热电偶。确定所有可能的升温和降温慢的零件部位(通常接近零件中心或蜂窝芯块的中心，或者工装下气流容易受阻或最厚层压部位，或工装最厚部位)。具体布偶方式如下：

ⅰ)滞后零件热电偶——夹层结构。

• 在零件平面的中心至少放一个热电偶；

· 在最厚的芯块平面中心至少放一个热电偶；

· 在放置芯块之前的最后一层预浸料或者胶膜和芯块之间放置热电偶。

ⅱ)滞后零件热电偶——层压结构。

· 在零件平面的中心至少放置两个热电偶；

· 在最厚截面的平面中心至少放置两个热电偶；

· 在第一层和第二层之间放置一个热电偶(从工装面起),在整个铺层的中间层放置一个热电偶。

b. 滞后工装热电偶。

ⅰ)在指定的零件热电偶位置对应的工装下表面放置热电偶,要尽可能使工装热电偶位置与布置的零件热电偶位置接近。

ⅱ)工装热电偶的放置,在工装和隔热层间放置热电偶,热电偶要与工装以及隔热层直接接触。建议隔热层使用干玻璃布(如 76 mm×76 mm 干玻璃布垫)。

注:在每个零件热电偶对应的工装位置放几个带有不同厚度的隔热层的工装热电偶,用以确定隔热层厚度,因为其中总有一个工装热电偶更靠近滞后零件热电偶,以与之相匹配。

(3)铺层固化要求。

1)在固化之前检查每个热电偶线路。

2)记录所有的热电偶位置及其编号。若放置隔热层,应包括隔热层层数和放置情况。

3)按所选的零件适用的工艺规范固化。确保所有零件热电偶在工艺规范要求范围内。

4)在整个固化过程中,以不大于 5 min 的间隔记录所有热电偶的温度值。

5)记录工装相对于热压罐罐门的放置方向。

(4)数据分析。

1)确认所有的零件热电偶满足工艺规范的固化要求。

2)不在零件余量上放置热电偶时,应确定工装领先热电偶的位置。找一个工装热电偶,在升温和降温的时候,接近最快的且快于零件领先热电偶。如果有超过一个工装热电偶超过零件领先热电偶,选择和零件领先热电偶最接近的工装热电偶作为工装领先热电偶的位置。

3)确定滞后工装热电偶。选择一个工装热电偶,其升温和降温速率最慢或接近最慢的滞后零件热电偶。如果有超过一个的工装热电偶升温和降温速率慢于零件滞后热电偶,选择和零件滞后热电偶最接近的工装热电偶为工装滞后热电偶。

4)在零件余量处放置热电偶时,应确定零件领先热电偶和滞后热电偶。选择在升温和降温最快的零件热电偶为零件领先热电偶,选择升温和降温最慢的零件热电偶为零件滞后热电偶。

5)如果上述条款中的任何一个要求没有达到,那么热分布试验结果不合格,应重新试验。

(5)热分布试验报告。

热分布试验合格后,编制热分布试验报告。热分布试验报告应保存在工装使用部门,直至工装废弃不再使用。对于未经热分布试验而获得的领先、滞后热电偶位置,也应编制报告,报告仅包括热电偶在工装上确定的位置简图、在热压罐中的位置取向简图及工装材料、结构简介。

热分布试验计划和报告至少留存至零件停产后 7 年,以备查阅。

(6)热电偶位置的标识。

将领先、滞后热电偶位置标识在工装上。

(7)重新进行热分布试验。

产品零件的材料、结构等更改可能影响工装领先、滞后热电偶位置时或工装材料、结构发生变化时,应重新对工装进行热分布试验。

4. 热分布试验计划内容

(1)试验计划应有封面,包含计划名称、编号、版次、日期,以及项目名称、供应商名称、地址等信息。

(2)试验计划包含以下内容:

1)项目概述;

2)热分布计划更改记录表;

3)热分布族代表零件选择的说明;

4)所需文件(工艺规范、鉴定文件等)列表;

5)材料或次级零件(含蜂窝芯)清单,要列出零件用材料牌号、规格等信息;

6)族代表件及其他族成员件详细信息列表(包括零件号、零件名称、工装、材料、尺寸等信息);

7)热压罐基本信息;

8)零件工装在热压罐中的摆放位置和方向以及热压罐气流方向简图;

9)热电偶信息(包括热电偶类型、布置位置、对应编号、预设领先滞后位置、绝热层层数等);

10)对预设领先、滞后位置的选择进行说明;

11)固化过程按相应工艺规范控制的进行说明。

5. 热分布试验报告内容

(1)试验报告应有封面，包含报告名称、编号等信息。报告实行版次管理。

(2)试验报告包含以下内容：

1)实施人员、实施时间和地点；

2)热分布试验适用的零件族零件清单；

3)阐述代表零件能够代表该族零件的理由(从材料、结构、参数、尺寸等方面说明)；

4)热分布试验适用的零件及工装详细说明；

5)热电偶放置的数量和位置简图，若有隔热层，则应包括隔热层层数和放置情况；

6)列出零件用材料牌号、规格等；

7)热分布试验所用设备清单；

8)热分布试验使用的规范及相应固化要求；

9)工装在热压罐中的方向；

10)热分布试验记录，含固化曲线或数据，且固化曲线或数据应与工装上热电偶的位置编号相对应；

11)试验结论，通过对工装热分布试验数据、曲线进行分析，找到领先热电偶和滞后热电偶，确定布偶位置；

12)附件，试验原始数据、图、表等(如固化曲线)。

5.9 其他设备、设施的鉴定

对于复合材料生产中的其他设备、设施，如烘箱、电吹风、控制污染区、环境监控区、数控加工设备等，通常不用单独的鉴定操作。在制造试样的过程中，审核其是否满足设备通用要求即可。

对于实验室设备、无损专业设备的鉴定请参阅相关资料。

5.10 鉴定程序

1. 初次鉴定

(1)鉴定申请。

1)制造商对需要鉴定的各设备编制设备鉴定计划并提交鉴定部门。设备鉴定计划至少应该包含以下内容：

a.设备的生产厂家、牌号以及序列号、制造日期、设备位置、尺寸、运行范围、记录和控制装置的型号(若适用,还包括传感器的类型和分布状态)。

b.传感器、记录仪器和控制装置的校准记录。

c.操作试验中需要使用的参考文件。

d.生产中的常规维护计划。

e.进行鉴定的操作试验程序。

f.鉴定日程表,允许鉴定部门有时间考虑是否安排人员现场监督鉴定过程。

g.如果制造商在设备鉴定之前做过符合本规范的操作试验,可以将之前的操作试验记录及维护计划等资料提交给鉴定部门审核,由鉴定部门决定是否需要做操作试验。

2)对自动铺带机/自动铺丝机的设备鉴定计划除了满足上述要求外，还应该包含以下内容：

a.设备在 X 轴和 Y 轴上的最大和最小行程以及鉴定操作试验中每个方向所使用的行程。

b.最大的压实压力以及鉴定试验中所使用的压实压力。

c.可能的最高使用温度以及鉴定试验中所使用的温度。如果热源超过规范中要求的最高温度,必须要制订一个计划,用于评估复合材料或者胶黏剂温度(它们不应超出极限温度)。可能需要一个带有快速响应的温度感应器,用以测试动态的温度。

d.生产中最快的铺层速度。

e.鉴定试验中所使用的材料牌号和标准。

f.能够使用的所有材料的名义宽度和宽度容差。

g.水平角度测量的曲率或最大斜角(如果有的话)和最大最小半径(仅对自动铺丝机)。

h.在一个行程中一次同时铺贴材料条带的最大数量(仅对自动铺丝机)。

3)对数控下料机的设备鉴定计划,除了满足上述要求外,还应该包含以下内容：

a.切割材料的最大宽度。

b.切割材料的最大长度。如果下料机有传动带,则列出在不移动传动带的情况下可以切割的最大长度。

c.若适用,一次能切割材料的最大层数。

d.生产中可能使用的最大切割速度。

e. 鉴定试验中所使用的材料牌号和标准。

f. 如果没有使用图 5.4 中的图样，则给出鉴定试验中所切割的样片图样。

4）对激光投影铺层定位仪的设备鉴定计划，除了满足上述要求外，还应该包含以下内容：

a. 设备的方位，以及该设备是将用于固定位置还是可以移动；如果设备可以移动，记录计划使用的位置范围。

b. 就要评定的零件来说，设备的最小和最大距离。

c. 将要评定的设备投影方向与法向的最大夹角。

d. 计划用于生产的参考靶标的类型、数量和间距。

e. 推荐试验装置，包括工装、参考靶标位置（或其他检索系统）、投影图和投影图的测量工艺过程。

f. 推荐要投影和评定的图。不推荐时，样片可用于 6 m×6 m 工作区域的设备，对于工作区域更大的设备，应准备一个至少能试验 80%工作区域的样片。

g. 如果适用，一台计算机控制的设备数量以及连接设备的方法（即独立操作，按简略的或完整的数据联合操作）。

5）对热隔膜成型机的设备鉴定计划除了满足 1）的要求外，还应该包含以下内容：

a. 可成型的最大零件的长、宽、高。

b. 一次加载可加热的最大温度。

c. 以零件特征（如法兰盘）确定零件最大和最小成型速率。

d. 可成型的最大装载厚度，这可表示为温度、速率和/或压力的函数。

e. 生产中要成型的所有不同材料和所有不同材料的型/状态/类/级。

f. 模拟零件的材料、尺寸、厚度、层方向和表面层。材料、层方向、厚度和表面层应能代表生产零件。模拟零件不需要全长度，但至少应盖住一个整体加热控制区域。

6）对于预浸料纵向分切机，除 1）中列出的项目外，设备鉴定计划还应包括下述内容：

a. 所有要分切的预浸料，包括型、类、级等。

b. 要使用的起始卷的最大宽度。

c. 所有想要分切单向带的宽度和容差。分切的带宽应是 40 mm 或更大，除非鉴定工作组另有要求。

d. 最后分切带卷的尺寸和容差。

e. 设备零件，包括解卷、分切、重缠、边缘校直传感器、分切带宽传感器，以及其他关键部件。

f. 要使用的最大分切速度。

(2)鉴定过程。

1)制造商必须按照鉴定部门批准的设备鉴定计划来实施和检验操作试验，并编制鉴定报告。

2)制造商的设备鉴定报告应该至少包含以下内容：

a. 鉴定部门批准的设备鉴定计划。

b. 操作试验的日期。

c. 操作试验的结果，包含试验过程中的所有原始数据。

3)制造商将设备鉴定报告提交给鉴定部门，由鉴定部门来决定鉴定结果。

4)鉴定部门应发送正式文件来确认：制造商的设备经鉴定后合格。

5)如果鉴定部门确认不接受制造商的设备鉴定结果，那么制造商应该采取纠正措施并且记录到鉴定报告中，重新提交报告给鉴定部门审核。

6)如果制造商符合本小节(1)中 1)g. 的要求，经鉴定小组确认后，不需要做操作试验。在提交相关资料后，鉴定部门可以给制造商发送设备鉴定合格确认文件。

(3)记录保存。

制造商的设备鉴定记录至少应保存 7 年。

2. 重新鉴定

(1)当下列情况出现时，需要重新鉴定：

1)任何对设备精度或性能产生不利影响的改变、添加或修正。

2)任何对设备精度或性能产生不利影响的软件改动。

3)设备移到新厂房或者固定设备在一个厂房内的重新安装，也需要再鉴定。

4)间断 1 年以上没有生产零件的设备。

5)开始一个新项目，其零件要求高于原来生产项目的要求。

6)正在制造的项目中，零件出现了严重缺陷。

(2)重新鉴定的程序和要求与初次鉴定程序和要求一致。

(3)重新鉴定的申请中应包含一个说明章节，包括设备变更的原因和结果，或者是针对缺陷的纠正措施，或者是新旧两个项目的制造要求对比等内容。

第六章

复合材料制件预生产制造

从热分布能够看出代表零件固化过程中的最高温度和最低温度吗?

热分布试验的实质是得出了零件在固化过程中的温度变化趋势,这种趋势在后续固化过程中同样存在。这种趋势表明,热分布试验中的低点和高点是能够反映零件固化状态的。

结构、设计一体化是指制件的设计和制造相互协调、相互交融的过程，这个过程在产品研制的开始阶段尤其突出，在鉴定的体系中，这个过程就叫作预生产制造。在航空产品快速发展、产品型号加速迭代的背景下，预生产制造将设计的思路变为现实，同时将制造中的成果反馈到设计端，形成设计改进依据或者设计技术条件。这个过程适用于复合材料制件的研制生产，也适用于所有的特种工艺过程。预生产制造主要在两种情况下发生：其一，制件使用了新材料、新工艺、新结构，必须经过试验阶段才能制造出来合格制件；其二，在制件转包过程中，对新的制造商来说，制件是全新的，只有经过试验摸索，才能制造出合格制件。预生产制造是产品研制的必经阶段，只有成熟工艺或者成熟零件才可以忽略预生产制造阶段。

预生产制造的核心是取得材料、结构、制造、制件的性能数据，作为工程图样确定的依据。预生产制造过程中需完成的任务包括以下方面：

(1)完成材料验证试验，确定材料；

(2)完成元件、结构细节件、部件的制造，验证结构；

(3)完成许用值试验，得到强度计算的基础数据；

(4)完成适航试验件，交付适航验证；

(5)制取疲劳、环境等试板和试验件；

(6)制取损伤容限试板和试验件；

(7)制造商通过制造缩比件、全尺寸试验件，验证工艺方案，并编制工艺规范、制造计划等制造实施文件；

(8)制造商完成缺陷控制试验，制定批产过程中的缺陷控制计划。

6.1　材料验证

材料的验证包括两个方面：材料性能确认、材料制造厂商确认。

在材料性能确认的过程中，需要完成至少三个批次的原材料全性能试验，包括理化性能、力学性能、热分析、红外分析等项目。试验完成之后需提交分析报告，其中包括材料性能概述、试验完成情况、数据分析、材料评价等内容。

材料制造厂商确认的过程实际上是材料制造的首件鉴定过程，主要内容包括对生产中 SPC 的控制，以及对生产过程中控制文件的审核，保证正式生产中的材料性能合格、稳定，且能够充足供给。关于首件鉴定的操作，请参见首件鉴定章节的内容。

材料分析报告和供应商分析报告需提交鉴定小组审核，由复合材料应用团队批准。批准之后，材料正式列入型号使用材料目录。

6.2 结构验证

复合材料结构设计中需要考虑的因素很多，其中主要是飞机功能的要求，其次是结构工艺性的考量，其他因素包括低成本要求、可维护要求等。结构验证包括层压板验证、夹层板验证、结构连接验证、结构强度验证、结构制造工艺性验证、结构应力分析验证等。

结构验证试验件包括元件、结构细节件、组件、部件等。在复合材料预生产制造中，要根据设计的需求，制造出这些试验件，为工艺制件的最终设计方案提供依据。结构验证的这些试验件，也遵循第二章积木式验证方法的原则。

结构验证中可能包含制造工艺验证的内容。不同的制造工艺导致试验件的性能不同，验证的结果也不同。设计人员在编制这些试验件的要求时，应当纳入制造工艺的信息。同样，最终的工程图纸中，也应包含这些工艺信息。

6.3 许用值试验

由于结构在使用过程中的受力状态非常复杂，材料强度试样的数据并不能完全反映制件在使用过程中的情形，这时需要将设计许用值考虑进来。设计许用值试验通常包括拉伸许用值、压缩许用值、剪切许用值等试验。

设计许用值的试验方法包括开孔拉伸、充填孔拉伸、开孔压缩、充填孔压缩、缺口剪切、冲击后压缩、抗湿热环境试样等。

6.4 损伤容限试验

损伤容限提供了结构在含有一定损伤（或缺陷）时能够承受设计载荷并实现使用功能的能力，是航空器主要的设计指标之一。出于安全性的考虑，损伤容限的试验从最初预生产制造时开始，一直持续到航空器项目实施结束的整个过程。

由于复合材料制件中包含金属胶接的项目，损伤容限中不但要考虑复合材料结构对损伤（或缺陷）的敏感性，还要考虑金属裂纹的扩展能力。允许损伤、损

伤增长、损伤检测是要考虑的主要要素，BVID 和 VID 是常用的类型。需要的数据包括基本材料强度、极限强度、剩余强度等。

6.5　工艺试验

在预生产制造中，制造商通过制造缩比件、全尺寸试验件验证工艺方案，并编制工艺规范、制造计划等制造实施文件。同样，在转包生产过程中，尽管原制造商可以传递制造经验、制造文件，但是仍然需要其参与完成试验件的制造。

在复合材料制件分级分类中，1 级制件必须完成预生产制造。可以在完成制件分族之后，挑选一个或数个代表件进行预生产制造。预生产制造的分族需得到鉴定小组的批准，预生产报告需提交鉴定小组审核。

还有一种情况需要完成预生产制造：制造商完成预生产验证，或者首件鉴定之后未能通过鉴定。此时，鉴定小组有权要求制造商先完成预生产制造，再重启预生产验证和首件鉴定。

预生产制造之前，制造商要确定下述准备工作已完成：

(1)已按照要求完成了工艺能力鉴定；

(2)制造商已经完成预生产制造前的生产准备；

(3)复合材料制件已经完成了初步设计。

制造商按照下列鉴定程序完成预生产制造：

(1)制造商编制鉴定报告，提出鉴定申请。鉴定申请中包含生产地点、生产线名称、编号、制件结构特征、工艺特征、工艺设备清单、工艺程序、生产难点和解决方案。

(2)鉴定申请提交鉴定小组。鉴定小组确定是否进行现场审核。

(3)完成制件制造。制造过程中设计部门和工程部门参与，质量部门可以不参与。

(4)制件完成检验、计量、测试。

(5)制件完成装配，并根据具体情况完成静力试验或者其他功能测试。

(6)制造商编制鉴定报告，并提交鉴定小组。鉴定小组批准鉴定报告。

6.6　制造缺陷控制计划

对制造商而言，预生产制造通常产生很多的试板和试验件，包括一些带缺陷的试板和试验件。试验之后可以得知，一些缺陷对制件的使用具有重大影响，或者对制件的性能有很大的影响，在后续生产中应该极力避免。这些缺陷中，有些与制件的材料和结构有关，有些与生产工艺有关，有些与制造商本身的能力有关。在预生产制造中暴露的缺陷对复合材料的应用是有益的。

应当制订对相应缺陷的控制计划，或者更改工程图样，或者更改制造工艺，或者制定工艺纠正措施，或者提升制造商制造水平。预生产制造中显露的缺陷应当在预生产制造中找到解决方案，并实施验证。

对于缺陷的解决方案，还应当在预生产验证和首件鉴定中进行批产验证。

6.7 预生产制造鉴定实施

预生产制造需要设计、制造、适航紧密合作，联合实施。根据适航的要求，哪个供应商被确定为最终制件的制造者，该供应商就应当完成预生产制造。当然，生产的转移过程中，也是需要完成预生产制造的。预生产制造的结果和数据集中在复合材料应用团队手中，作为批准工程图纸的依据以及型号审定合格的依据，同时也是制造商选择的依据。

预生产制造有两个作用，一是完成复合材料制件的性能评估，二是初步判断制造商的制件制造能力。预生产制造中对供应商的控制部分，鉴定小组有权决定是否参与，或者部分参与。

预生产制造通常需要制造一个完整制件，并检测制件是否符合所有的工程要求。在取得鉴定小组同意后，可以制造一个或多个具有相同结构特征的制件代替完整制件。预生产制造中，应完成制件结构的验证，因此，制件制造完成之后，装配、组件的测试也是预生产制造结果的判定条件。所以，预生产制造结论通常在全机静力试验之后得到，而对于疲劳、环境试验件，通常需要数十年才能得到结果。

预生产制造中试板和试验件上得到的数据、报告最后都汇总到鉴定小组手里。鉴定小组通过复合材料研制纪要的方式留存、传递这些数据。复合材料研制纪要需要得到复合材料应用团队的批准。在这个过程中，同时成熟的文件资料还有材料规范和工艺规范。

参考文献

[1] 郑晓玲. 民用飞机复合材料结构设计与验证[M]. 上海：上海交通大学出版社，2011.

第七章

复合材料制件预生产验证

试片一定能够反映零件质量吗？

不一定。

制造商为了获得零件交付的能力，会使用单独的材料，采用单独操作、单独制袋、单独固化的方法制造随炉试片，从而得到较好的试片测试数值。

同样的材料、同一罐固化、真空袋互联是随炉试板制造中很重要的原则。

预生产验证是将完成预生产制造的零件与生产现场结合的过程，也是制件最终交付状态形成的过程，是批生产的准备。其中，所有生产过程措施都应取得生产线上匹配证据，例如工艺参数波动范围、外观检测样件、无损检测标块、热分布报告等。预生产验证完成之后的制件制造水平就是批生产的制造水平。预生产验证的另一个作用是取得足够的样本，用于确定检测频率、制件质量波动范围等参数。

预生产验证是设计完成工程图纸和验收技术条件的阶段。

预生产验证是通过检验外部质量、内部质量和进行破坏性试验等措施来检验制件的符合性的。

(1)外部质量：复合材料制件的外部质量包括由相应工程图样定义的外形轮廓度、尺寸、厚度以及蜂窝位置；由相应工艺规范规定的外观缺陷，包括表面划伤、表面凹陷、表面胶瘤、夹杂、表面纤维屈曲、表面纤维褶皱、表面不平、压痕、富胶、贫胶、纤维劈裂、Tedlar 膜缺失或褶皱等。

(2)内部质量：用某些质量关键特性(如空隙率、裂纹、纤维体积含量、分层、内部纤维屈曲、脱粘、空隙、颗粒尺寸、颗粒结构)来描述零件的内部质量，应该使用零件的 NDI 方法和/或破坏试验检查或使用具有代表性的检测项。内部质量最重要的标准是工艺规范或制造验收技术条件。

(3)破坏性试验：在预生产验证过程中，需要通过破坏性试验来表征复合材料制件的内部质量以及与内部质量相关的力学性能(应满足工程要求)。破坏性试验包括以下几种：

1)目视或金相显微镜观察：内部孔隙、微裂纹、纤维褶皱、树脂分布、胶层厚度等；

2)物理/化学试验：纤维体积分数，T_g 试验(DMA)等；

3)力学性能试验：拉伸强度、压缩强度、弯曲强度、剪切强度等，其试验方法与结构验证中采用的试验方法一致。

7.1 预生产验证对象

预生产验证是复合材料制件研制中的一个环节，应在复合材料制件批生产前完成预生产验证。当然，在正式批产之后，如果制造商更改、制造场地更改等，也需要完成预生产验证。

按照设计的要求,1 级制件和 2 级制件都需要进行预生产验证。

在完成制件分族之后,对同一族制件可以挑选族代表或数个代表件进行预生产验证。预生产验证的族代表应当是尺寸最大、结构最复杂、生产流程最长、检测项目最多的制件,能涵盖整个零件族的特征。分族和族代表件的选取应记录在预生产验证计划中,提交鉴定小组批准。对于首件鉴定(FPQ)未通过的复合材料制件,经鉴定小组批准后,需要按照本章内容重新启动预生产验证鉴定。

7.2 预生产验证的前提

预生产验证之前,制造商要确定下述准备工作已完成:

(1)按照要求完成了工艺能力鉴定。

(2)制件的工程图样或工程文件基本完成。

(3)按照要求编制了制造计划并经过了制造商内部审批。

(4)制造商已经完成预生产验证前的生产准备,如果存在偏离,则应填写偏离评估单,对偏离进行描述并提交鉴定小组批准。

7.3 预生产验证计划

制造商在完成预生产验证准备工作后,需编制预生产验证计划并提交至鉴定小组。预生产验证计划应包含下述内容:

(1)预生产验证计划封面和签审页。

(2)预生产验证试验件的目的。

(3)零件分族信息,包括零件族中所有零件号、零件名称、零件特征、族代表零件号、零件名称。

(4)零件族中所有制件的工程信息,包括材料、制造工艺、机加工和检验方法。

(5)零件族中所有制件的工装信息,包括制造过程中用到的铺贴工装、预成型工装(比如热隔膜成型工装)、固化工装、组合工装(比如组合 H 形长桁用工装)、辅助工装、机加工装、检验工装等。

(6)工装维护计划,简要描述生产期间工装保养和检验的方法和频率。

(7)使用的全部工艺规范清单和设备清单的证明。

(8)族代表制件的工艺流程。

(9)编制的族代表零件制造计划(如应包含次级零件),还需提供次级零件的制造计划(如预固化次级件、芯材次级件等)。制造计划包括以下内容:

1)说明工序安排的制造流程卡;

2)指导操作工人的操作规程;

3)指导检验工人的检验规程;

4)无损检测程序和检测图表;

5)超声对比试块制造文件。

(10)机加工方案(按需)。

(11)族代表零件的非破坏性检测项目:

1)验证件外观检测要求;

2)外形尺寸检测要求及方法(包括外形检测方案);

3)无损检测要求及方法(包括无损检测方案)。

(12)预生产验证件的破坏性试验,包括试验项目、试验方法、取样位置、试样尺寸、试样数量、接受标准:

1)剖切方案及目视检查要求:典型的剖切位置包括厚度过渡区、厚度变化区域(比如有台阶的区域)、R 角区、胶接区、制造时可能施压不足的区域等。

2)金相试样取样要求:典型的取样位置包括捻子条填充区、R 角区、胶接面、干长桁卧边、可能施压不足的区域,对于金相试样观测纤维褶皱和孔隙率。

3)T_g(玻璃化转变温度)试样(DMA)取样要求:至少应在预生产验证件的温度领先及滞后区域取样,每个区域至少取 3 个试样。

4)纤维体积分数试样取样要求:典型的取样位置包括 R 角区、厚度偏差较大的区域、外观或金相观测有树脂富集/贫乏的区域。

5)力学性能试样取样要求:典型的取样位置由设计专业负责人确定。剖切和取样方案可以根据预生产验证零件的目视和无损检测结果进行修订,以便对检验过程中发现的问题进行确认。如果预生产验证工作组认为必要,可以视现场情况增加切割取样部位。

(13)已批准的偏离清单(按需)。

(14)预生产验证鉴定的计划日程。

(15)根据制造商的能力和预生产验证零件的复杂程度,鉴定小组可以要求预生产验证计划纳入额外的内容。

7.4 制造商提交预生产验证计划

(1)鉴定小组补充预生产验证破坏性试验部位内容。

(2)鉴定小组审核计划其他内容,将存在的问题反馈给制造商。制造商按照反馈意见修改后重新提交预生产验证计划,直至预生产验证计划得到批准。

7.5 预生产验证日程安排

提交预生产验证计划时还要提交预生产验证的日程安排。建议的预生产验证的开始日期应保证鉴定小组有足够的时间审核预生产验证计划并批准该计划或提出修改需求(通常要有 10 个工作日)。预生产验证的日程安排还要给鉴定小组留有足够的现场审核的时间(通常要有 15 个工作日)。该日程安排至少应包含下述工作的时间安排:

(1)模具准备;

(2)下料;

(3)铺贴;

(4)次级零件的制造以及组件胶接(按需);

(5)固化;

(6)切边;

(7)外形尺寸检测

(8)无损检测;

(9)破坏性评估。

7.6 预生产验证的现场目击

当预生产验证日程安排得到鉴定小组确认后,鉴定小组前往制造商处进行现场目击。

在现场目击前,制造商应做好以下生产准备:

(1)已审批完成的制造计划;

(2)操作人员和检验人员名单;

(3)零件制造所需的材料,包括工艺材料;

(4)零件制造和检验所需的工具和工装;

(5)零件制造和检验所需的设备;

(6)无损检测工艺卡。

原则上,鉴定小组可以要求对所有工序进行现场目击,但考虑到制造商在制造类似零件方面的经验以及制造工艺的复杂性,预生产验证工作组可选择工序进行目击。典型的目击工序如下:

(1)下料;

(2)铺贴;

(3)在零件指定区域预埋缺陷(按需);

(4)埋放热电偶;

(5)固化;

(6)切边/制孔;

(7)零件外形检测;

(8)零件无损检测;

(9)剖切取样;

(10)族代表零件的热分布试验;

(11)无损标准试块的制造。

现场目击要求如下:

(1)除非鉴定小组允许,预生产验证零件的制造过程与现场管理应与正式零件生产保持一致。

(2)在现场目击的过程中,如果出现偏离,应该首先按照制造商内部程序处理,而后经鉴定小组评估同意后,方可放行。

(3)现场目击不仅是目击操作和检验过程,同时也审查工序实施的环境、设备、材料、工装管理等项目,以确保零件制造的可重复性。

(4)鉴定小组在现场目击过程发现有任何问题,将直接反馈给制造商。问题分为建议项、一般不符合项和严重不符合项:

1)建议项:经评估不会对零件质量产生任何风险,但可以使零件制造效率、安全、环保方面有所提升;

2)一般不符合项:未直接产生零件质量偏差,经评估可能对未来制造过程产生风险,比如细化操作检验流程、完善现场标识、工具升级等;

3)严重不符合项:直接的零件质量偏差,与工程要求明显不符;系统性的问题;重复发生的问题。

7.7 预生产验证报告

在预生产验证现场目击完成后，制造商应将预生产验证报告提交给鉴定小组。预生产验证报告应至少包含下述内容：

(1)预生产验证报告封面和审批页。

(2)预生产验证概述：

1)预生产验证经过；

2)工艺流程；

3)所有零件信息；

4)所有工装信息。

(3)制造预生产验证件所用的材料接收检验报告复印件。

(4)制造计划：

1)实际制造指令以及最新版次制造指令；

2)实际原始记录以及最新版次原始记录；

3)最新版次操作规程；

4)最新版次检验规程；

5)最新版次的无损检测规程以及检测图表。

(5)实际外形尺寸检测方案。

(6)实际无损检测方案。

(7)实际机加工方案(按需)。

(8)非破坏性检测结果及小结：

1)固化结果及小结；

2)外观检测结果及小结；

3)外形尺寸检测报告及小结；

4)无损检测报告及小结。

(9)破坏性试验结果及小结：

1)实际剖切示意图、目视检查结果及小结；

2)实际金相取样示意图、结果及小结(包括孔隙率和纤维褶皱)；

3)实际 T_g 取样示意图、结果及小结；

4)实际纤维体积分数试样示意图、结果及小结；

5)力学性能试样示意图、结果及小结。

(10)热分布试验和结果。

(11)无损标准试块检测结果。

(12)外观检测试样检测结果。

(13)偏离。

(14)现场目击过程中的不符合项清单。

7.8 制造商预生产验证报告工程评估意见

制造商向预生产验证工作组提交预生产验证报告后,由鉴定小组组织编写工程评估意见。工程评估意见主要包括以下内容:

(1)比对外观检测结果、固化曲线是否满足工艺规范的要求。

(2)比对外形尺寸检测结果是否满足工程图纸、验收技术条件以及装配所需的零件接收状态的要求。

(3)比对无损检测结果是否满足验收技术条件中的要求。

(4)比对目视和金相检测结果是否满足工程图样的要求。

(5)比对 T_g 检测结果是否满足工程图样中的要求。

(6)分析纤维体积分数结果。

(7)分析力学性能测试结果。

(8)评估严重不符合项纠正措施是否有效及偏离对预生产验证结论的影响。

(9)当偏离发生时,评估是否可以修正工程要求以纠正偏离。

(10)编写结论,结论有以下三种状态:

1) 接受预生产验证报告;

2) 保留接受预生产验证报告,保留形式为限制性条件、修订工程图样要求;

3) 不接受预生产验证报告,需重新进行预生产验证。

只有"接受"和"保留接受"状态的预生产验证报告才能得到鉴定小组的批准。保留接受预生产验证报告的条件如下:

(1)预生产验证结果或提交的文件中还存在一些小问题,但是失败的可能性很小。

(2)预生产验证结果显示有很小的偏离,但是可以通过调整工程图样要求或装配提出的零件接收状态要求来修正。

制造商可以生产制造处于"保留接受"状态的复合材料零件用于首飞,但是在批产前,"保留接受"状态的预生产验证报告都应通过相应的纠正活动且达到了“接受”状态。

制造商向鉴定小组提交预生产验证报告后，鉴定小组应完成：

(1)审核鉴定报告，并将意见返给制造商。制造商按照反馈意见修改后重新提交鉴定报告。

(2)编制工程评估意见。

(3)经过鉴定小组讨论，如果评估该报告状态为“接受”或“保留接受”，则批准报告，并返回制造商。

(4)经过鉴定小组讨论，如果评估该报告状态为“不接受”，则重新进行预生产验证。

7.9 重新实施预生产验证的条件

预生产验证可能在任何阶段进行，符合下列条件即要进行预生产验证：

(1)复合材料制件首件鉴定失败，经鉴定小组评估需开展预生产验证；

(2)复合材料制件设计图纸、工艺文件出现重大更改(包括材料变更、重大生产工艺参数变更)；

(3)工艺发生重大变更(如手工铺贴更改为自动铺贴、凹模变凸模等)；

(4)设计/工装更改；

(5)生产现场变更(不包括在同一公司、同一厂房内的移位)。

7.10 预生产验证达成的目标

预生产验证是制件批产的验证阶段，它为首件鉴定的实施提供了基础。在预生产验证中，应完成下述目标：

(1)验证了制件的工程要求，为完善设计方案提供依据；

(2)验证了工艺过程，形成了工艺方案；

(3)热分布试验合格；

(4)制造了无损标准试块、外观检验标准试块等；

(5)形成了批生产工艺操作文件；

(6)制造了统计控制中需要的试板和试验件；

(7)达到了批生产的基本条件。

第八章 复合材料制件首件鉴定

在整个复合材料鉴定体系中，首件鉴定是核心。其中，首件鉴定计划和首件鉴定报告尤其重要，它们提供的数据会成为工程信息的一部分。

首件鉴定和首件检验是有区别的。首件鉴定的零件是正式生产的第一个零件，是试验件，会被破坏的，不能交付。首件检验的零件是正式批产的第一个零件，是要交付的第一个零件，不会被破坏。

首件鉴定是用生产的第一个零件来验证其制造工艺、检测程序和检测技术是否遵循相应的工程图纸和规范的过程，是复合材料符合性制造的验证过程，也是复合材料制造工艺适航验证的过程。首件鉴定是在前面鉴定试验（预生产制造、预生产验证）的基础上，保证批生产制件的质量完全符合工程的要求，其关键特性得到控制，波动在可接收的波动范围内。首件鉴定用制造商生产的一个制件来验证制造及检验程序，使用的工艺和技术符合相应的工程图纸和规范要求。只有首件鉴定经过批准的零件才可以开始批产制造，交付使用。

根据复合材料的分级、分类、分族原则，对首件鉴定的零件分族，并用族代表零件完成首件鉴定。首件鉴定使用一个制件完成，等同于族成员完成了首件鉴定的过程，但这个制件通常并不是批产交付的第一个制件。首件鉴定完成之后，还有首件检验的过程，首件检验中的制件才是批产交付的第一个制件。首件鉴定中的制件需要被破坏，来检验产品的内部质量。在特殊情况下，鉴定小组会取消首件鉴定的破坏试验，这时候首件鉴定和首件检验可以合并到一起，完成的制件可以作为批产的首件交付。

实施首件鉴定的目标是：用过程控制和统计控制的方法实现质量稳定的产品产出；通过统计控制的方式减少随炉试板、常规检测等项目，降低制件生产成本。

首件鉴定是批生产验证的过程，成功实施首件鉴定是批生产开始的标志，对制件制造具有重要意义。这个鉴定过程还包含其他功能和作用，例如适航验证、工艺确认、设计技术条件验证等。复合材料制件都需要完成首件鉴定程序。

8.1　首件鉴定程序

首件鉴定是复合材料鉴定中的重要步骤，它的工作流程如下：

（1）复合材料应用团队指定鉴定小组，包括设计部门代表、工艺工程部门代表、客户代表、质量部门代表，可能的话，也包括第三方代表，协调实施首件鉴定；

（2）制造商编制首件鉴定计划，并提交首件鉴定计划；

（3）鉴定小组审查并批准首件鉴定计划；

（4）制造商完成首件鉴定的准备工作；

（5）制造商实施首件鉴定，鉴定小组进行现场审核；

（6）针对现场审核问题，制造商制定纠正措施并验证；

(7)鉴定小组验证纠正措施和统计控制数据;

(8)制造商编制首件鉴定报告,并提交给鉴定小组;

(9)鉴定小组审核首件鉴定报告,并出具审查意见,提交给复合材料应用团队;

(10)复合材料应用团队批准首件鉴定报告,并返回鉴定小组和制造商;

(11)鉴定小组将制造商列入合格供应商清册。

8.2 首件鉴定的前提

首件鉴定是批生产零件的验证过程。人们不能直接实施首件鉴定,它的前提是:

(1)制造商已经完成制件研制。制造商应已经完成工艺能力鉴定、预生产制造、预生产验证,并获得批准。被批准的工艺能力鉴定代表制造商已经完成人员鉴定、设备鉴定、工艺鉴定。如果鉴定小组批准制造商不用实施预生产制造和预生产验证,也要保证制造商有能力完成首件鉴定。

(2)制件有成熟的工程图样,并基本完备。完整的工程定义和验收技术条件是实施首件鉴定的依据。

(3)制造商已经制造工装,且完成渗漏和热分布试验,且已经被批准。

(4)制造商有完整的制造指令和检验规程。

(5)制造商有完整的检验试板,包括无损检验试板、外观检验试板、T_g 标准样块等。

(6)制造商已经准备了人员、材料、设备,可以开始生产制件。

8.3 首件鉴定计划

制造商为完成首件鉴定编制首件鉴定计划。首件鉴定计划是具体指导某一族代表零件鉴定的程序文件,包括工艺流程卡、工艺规程、AO、FO、检验规程、检验计划等。首件鉴定计划应包含下述内容:

(1)首件鉴定计划应有封面,封面包含计划编号、版次、产品制造地址、日期、鉴定的零件族、族代表零件号(包括工程图样或数据集版次)、签字页(包括制造商签字和鉴定小组签字)。

(2)首件鉴定计划的换版记录。

(3)包括零件族和零件族代表在内所有零件的清单,以及本族零件特性详细说明,并阐明代表件作为族代表的特性(包括代表件的图样、PL等数据集及版次)。

(4)将要鉴定的零件族中零件的尺寸、工装和工艺的简要信息。

(5)制造商的鉴定和批准的清单和状态,包括相关工艺规范要求的周期性重复鉴定的建议日程。

(6)鉴定零件族概述的制造工艺流程图,包括工装准备、铺层成形、芯子加工、铺层、固化、修整、无损检测程序和评估。

(7)首件鉴定零件的上机材料(包括剥离层材料)清单。清单要列出材料规范(包括型、级、类、式样等)、供应商信息等。

(8)制造首件鉴定零件的工装(包括所注的项目以及铺层工装、层定位样板、芯子定位样板、修整夹具等)和设备清单。清单中要列出工装(设备)编号、工装维护计划等信息。

(9)零件族或族代表件的热分布报告或已签字的热分布报告首页。在特殊情况下,如果在首件鉴定工作时完成热分布,则应附上热分布计划。

(10)首件鉴定零件的无损检测程序、工装或者夹具列表,列出首件鉴定零件所用的目视检查、尺寸和仪器无损检测技术、无损检测设备、无损检测标准、描述无损检测设备和零件检测标准及设定的无损检测程序和技术单等检测信息。

(11)对工艺规范和工程的偏离。

(12)已经完成的所有试板、试验件的数据。基于制造商能力和首件鉴定零件族和族代表件的复杂度,可能会要求额外试板或者试验件。

(13)所有软件、程序的名称、版次,包括下料、投影、自动铺丝/铺带、机加、无损等,以及验证的证据。

(14)首件鉴定日程安排。

8.4 首件鉴定计划的审查和批准

首件鉴定计划审查是确保实施首件鉴定的必要手段,尤其是在制造商未实施预生产验证时。审查包括设计、工艺、制造商三个方面。

(1)审查设计的要求。看制件的结构是否复杂,使用的材料是否为成熟材料,强度要求的高低等。

(2)审查工艺要求。看制件制造流程长短,工艺难点是否突出,工艺成熟度高低等。

(3)审查制造商的状态。看制造商是否完成了预生产验证,是否制造过同类型的零件,且制造过程中出现过哪种问题。

在零件结构简单、强度要求不高且制造工艺成熟的情况下,鉴定小组可能会放弃现场审核,转而进行纸面审核。

在下列情况下,制造商可以在首件鉴定计划中提出放弃首件鉴定而直接批准首件鉴定计划。

(1)已经完成了首件鉴定,在批产过程中复制了工装。

(2)已经完成了首件鉴定,在批产过程中工程图纸发生了细微更改,或者仅零件号变化。

(3)已经完成了首件鉴定,在批产过程中发生了人员变化,且已完成人员鉴定。

在上述情况中,鉴定小组可以批准首件鉴定计划,而且不用完成首件鉴定,直接认定制造商首件鉴定合格。

8.5 首件鉴定审核

首件鉴定审核是对生产的全面考核,重点是关键特性的控制。根据制造工艺的不同,审查的内容略有不同。下面列出检查的要素:

(1)主产品材料经过验证,从合格产品目录中选取。主产品材料复验合格,有合格证,在贮存期内,且有暴露时间记录。主产品的贮存符合规范要求,贮存时端头支撑,水平存放。材料有贮存期、力学性能寿命、操作寿命的三期控制。

(2)辅助材料有合格证,是符合规范的供应商产品。

(3)制造设备经过鉴定,在合格期内。设备有维护程序,有维护记录,设备配套的软件经过验证,并进行了版次控制。

(4)人员经过培训,被认定为合格,具有岗位资格证和操作证。

(5)生产环境区分为控制污染区和环境监控区,有相应的控制措施。环境中的温度、湿度、灰尘粒子含量、光照、紫外线有相应的控制措施,并符合规范的要求。

(6)工装经过渗漏和热分布试验合格、周期性定检合格,有领先热电偶、滞后热电偶、罐门方向标志。

(7)生产工艺经过评审,有记录。族代表零件具有制造计划,且经过审签和验证。制造方案和制造计划符合规范的要求。若审定工艺偏离,则应评估风险,且偏离应经过工程批准。

(8)材料进出冷库有记录,时间计入暴露时间。材料解冻符合要求,解冻过程有记录,并应确保材料外包装表面无冷凝水。对于液体成型工艺,应保证编织的干纤维或者定型的干纤维与模具配套。

(9)预浸料或者胶膜下料后,料片上应有铺层号。经过下料机裁切的料片上还应有铺层定位原点和铺层方向。配套料应按照顺序叠放,不得扭曲、拉伸纤维。配套料返回冷库时,应按照制件单独包装密封,且外包装上有制件号和批次号。配套料从冷库中取出,也应有解冻程序。

(10)工装应至少有4个靶标头,便于在激光定位仪上定位;大型复杂曲面工装应至少有6个靶标头。除在边缘位置外,铺层投影应与工程图纸一致。工装上可以设置摩擦带,固定铺层。

(11)铺层时,应有检验员确认铺层与工程要求一致。铺贴过程中纤维方向与工程的要求差距不超过2°,在零件外形复杂的情况下,允许因零件外形变化造成的纤维方向改变。单向带拼接时,垂直纤维方向对接或者搭接间隙不能超过1 mm,平行纤维方向搭接量在12.7～25.4 mm之间。相邻铺层纤维方向相同的拼接缝至少间隔25.4 mm,在4层之后才允许重叠。

(12)铺贴过程中允许使用电吹风、电熨斗等加热手段增加黏性,但对中温固化预浸料加热不得超过60 ℃,对高温固化预浸料加热不得超过75 ℃,且铺层被加热的时间不能超过10 min。

(13)自动铺带或者自动铺丝程序应经过验证,符合工程要求。应特别注意压辊温度、压力、边缘裁切、拼接间隙、曲率最大和最小位置、行程拐角位置等关键处,防止架桥、空腔、减薄等缺陷。丝束、带条的铺放间隙不能超过1 mm,压辊温度不能超过60 ℃,单位压辊宽度的压力在100 N左右。平面或者曲率小的制件上,不能有皱褶、重叠、间隙过大的缺陷。

(14)制袋符合要求。应注意预浸料和胶膜不应接触到不允许接触的辅助材料。制袋完成后应进行真空渗漏试验。随炉试板应制在同一个真空袋下,或者保持与制件的真空袋连接。液体成型制件封装时,应保证系统没有渗漏,且输胶管通畅。应在工装上最远端或者零件拐角处布置抽、测真空管。

(15)固化时,保证使用固定的程序固化。固化程序应有编号,进行版次控制。多个组件同时在热压罐内固化时,应适当安排装载,防止在罐内产生气流阻遏效应,水平或者叠放在罐内的工装间隔至少为300 mm。必要时,根据具体装载位置进行热分布试验。

(16)手工记录固化参数时,至少每隔10 min记录一次固化参数;自动记录的设备应每秒记录一次固化参数。开罐重新固化升温必须在80 ℃之前。

(17)随炉试板应与制件在同一真空袋下同步制造,同步固化。

(18)固化曲线数据符合要求,剔除的热电偶不应是领先热电偶或者滞后热电偶。压力波动不超过规范的要求值。

(19)脱模过程不应损伤零件。

(20)产品检验项目齐全,数据符合工程图样的要求。开孔位置及配合台阶尺寸公差为1.5 mm,外表面及配合表面平面度公差为±0.25 mm。制件表面不能有目视可见的纤维损伤,凹陷深度不能超过0.12 mm,配合表面的凸出在0.75 mm内,表面不能有疏松、贫胶、富胶等缺陷。

(21)制造完成的制件在贮存或者运输过程中应包覆防紫外线材料,叠放时应用软垫隔离,周边加泡沫防撞保护。

(22)计算力学性能的平均值、离散系数。鉴定小组将这组数据与预生产验证的数据、材料验收的数据、材料验证的数据进行对比,确定偏差。

(23)计算 C_p 值和 C_{pk} 值。

8.6 首件鉴定报告

制造商完成纠正措施,提交鉴定小组认可后,编制首件鉴定报告。首件鉴定报告应包含下述内容:

(1)报告编号、版次、原始和最终版本、建议日期、制造商审签页。

(2)首件鉴定报告修订记录,首件鉴定的编制日期和批准日期。

(3)已批准的首件鉴定计划偏离。

(4)所需制造商的固化设备、自动化设备、无损检测的鉴定和热分布、工艺控制文件(如果需要)批准状态。并附上以下封面作为完成的证据:

1)带批准签名的首件鉴定计划封面。

2)带批准签名的热分布报告封面。如果热分布和首件鉴定要同时进行,则提供带批准签名的热分布计划封面;如果不需要热分布报告,则提供已批准的热分布计划封面。

(5)如适用,显示QA印章、操作标记等的首件鉴定代表件的实际制造计划。如果首件鉴定报告包括了这些零件(如芯子零件)的首件鉴定,则还包括所有组成首件鉴定零件的次级零件的制造计划。

(6)所有制造商的合格报告副本(合格证)和用于制造首件鉴定代表件的可交付材料的购货方验收报告。

(7)首件鉴定代表件的固化记录,包括温度、压力和真空度。

(8)检测记录,包括仪器无损检测、目视检查、尺寸检测记录等。

(9)概述是否存在需要返工的不符合项,是否存在需要拒收处理的缺陷以及措施项目及状态。

(10)按工艺规范或工程数据集要求列出所有需要返工的不符合项。

(11)列出所有的缺陷。应包括拒收单的处理、根本原因、纠正措施,以及有效的纠正措施的证据,例如对图纸或规范上的工程要求进行的文件修订,对制造工艺和制造计划的文件更正,下一个适用生产零件的成功制造等。

(12)来自首件鉴定工作的问题解决措施、解决方法、完成日期。

(13)如果制造商按适用的工艺规范在首件鉴定前开始首件鉴定族的其他零件的制造,首件鉴定报告必须提供如下的必要说明和支持性证据:

1)这些零件符合工程图纸和规范的要求。

2)这些零件使用与已提交报批的首件鉴定报告中相同的工艺和程序进行制造。

(14)如果在首件鉴定工作期间首件鉴定代表件的制造计划被修改(如用红线示出)了,则应在开始后续代表件或任何族零件的制造前提供以下证据或证明:

1)代表件和其他族零件的制造计划已被修改且合并了这些修订。

2)如果适用,首件鉴定工作组批准的已修改过的计划。

(15)如果需要一个额外的零件或多个零件的制造来说明措施项目,则附上制造计划和其他证据,这些证据需要确保在措施项目中问题已确认且成功解决。

(16)过程控制的证据。

8.7　首件鉴定批准

鉴定小组依据首件鉴定审查情况和首件鉴定报告,编制首件鉴定评估报告,并提交给复合材料应用团队。

在审查提交批准的首件鉴定报告后,鉴定小组会根据鉴定报告和审核情况,编制评估报告,提交复合材料应用团队。评估报告包含的主要内容是:审查总体情况、统计数据计算情况、制造商评估结论。

复合材料应用团队批准供应商的首件鉴定报告。鉴定小组在收到批准后,返回制造商批准页,同时将制造商纳入合格供应商目录。批准之后,批产应符合下列要求:

(1)制造计划不能有重大更改。制造计划的重大更改需提交鉴定小组审批,由鉴定小组确定是否需要重新进入首件鉴定程序。

(2)族代表和族内零件不能变更。族成员和族代表的变更需提交新的首件鉴定计划,或者换版的首件鉴定计划。新的首件鉴定计划就是要重启首件鉴定程序,换版的首件鉴定计划则不一定需要重新进行首件鉴定。

(3)人员、设备设施、工装、材料、环境,包括生产管理措施不能变更。如有变更,需给鉴定小组提交首件鉴定变更申请表,表中内容包括变更的内容,以及对生产的影响。由鉴定小组确定是否需要提交首件鉴定计划。

如果首件鉴定未被批准,则会收到附带原因的否决书面通知。在执行了纠正措施并纠正了初始失败原因后,应重新进行首件鉴定,并继续提交首件鉴定报告。

(1)首件鉴定否决表中注明了失败的首件鉴定计划的版本。如果首件鉴定失败,作为纠正措施的结果,需对已签字的首件鉴定计划进行修改,将首件鉴定工作组提供的首件鉴定否决表的复制件作为修改的首件鉴定计划的一个内容。

(2)修改的首件鉴定报告应包含以下内容:

1)与最初代表件鉴定制造和检测有关的所有数据。

2)成功执行纠正措施的证据。

3)随后制造并评估满足了首件鉴定要求的零件的所有信息和数据。

首件鉴定报告有“批准”“不批准”“开放”三种结果。批准和不批准是复合材料应用团队指定的,而开放是鉴定小组确定的,即认定基本同意鉴定报告的内容,对生产没有很大的影响,但需要制造商提供更多的生产数据,以及关键特性波动控制的措施、在生产过程中实施的证据。待这些证据齐全之后,将其编入首件鉴定报告中,提交鉴定小组审核。

原则上,只有该制件族的族代表件首件鉴定通过后,该制件族的族成员制件才能进入质量程序中的首件检验阶段。对于开放的情形,鉴定小组授权进行首件检验和批生产,但首件检验的报告不会封闭,直到首件鉴定报告批准之后,首件检验的报告才会加盖“首件鉴定已通过”字样印章,并封闭。

8.8 鉴定中的破坏试验

破坏试验是指将制造的零件破坏,进行制件性能验证的过程。由于复合材料制件制造为特种工艺过程,在没有破坏零件的情况下,无法知道制件的性能。通过破坏试验能够了解制件的制造水平,理解制件的使用状况、应力水平等许多有用的信息。破坏试验是首件鉴定程序的重点。

破坏试验在鉴定的两个过程中用得多,一是首件鉴定阶段,二是产品寿命结

束时的验证阶段。破坏试验并不是首件鉴定中所特有的，但在首件鉴定中特别突出，是重要的环节，也是产品性能特性的直观反映。破坏试验的对象有很多，包括首件鉴定试验件、静力试验件、寿命到期件、环境试验件、意外损伤件、试片等。

破坏试验通过关注制件本身的力学性能、缺陷等来体现复合材料制件的性能，具体包括：

(1)结构：制件在使用过程中，通过结构传递载荷，曲率变化引起应力的变化。

(2)材料：增强体与基体制件的界面，增强体的连续情况。

(3)缺陷：缺陷是导致力学性能下降的最主要因素，也是影响耐久性的主要因素。

(4)固化状况：由于制件固化过程中各点的固化时间并不一致，固化度也不同，应寻找固化不完全的点。

(5)铺贴：制件是三维的，预浸料是二维的，在空间中的铺贴会导致纤维方向与工程要求不符。

(6)剩余强度：测试制件上切取的试片，可以知道制件剩余强度。

(7)耐久性：裂纹扩展的情况决定制件的耐久性。

(8)试片：试片给出了极限应力状态下材料的断裂行为。

破坏试验中可以获得金相试样、强度试样、T_g 试样等，并且得到大量数据。获取这些数据的方法见表 8.1。

表 8.1　几何特征表

序号	检测要素	推荐的取样部位	推荐的检验方法
1	厚度	典型区域	激光测量法、磁力测厚仪
2	轮廓尺寸(外形)	制件长度、宽度	激光测量法
3	弦高度	弦高最大处	激光跟踪仪
4	外形轮廓		激光跟踪仪
5	内部纤维状态	R 区	剖切后显微镜观察
6	玻璃化转变温度	距离边缘至少 20 mm 的层压区	DSC 差示扫描量热仪
7	树脂含量	距离边缘至少 20 mm 的层压区	烧蚀法
8	空腔	斜坡、R 区	剖切后显微镜观察
9	孔隙率	由无损检测确定	超声＋剖切＋电镜
10	强度	典型铺层区域	
11	长桁轴线度	制件上最长的长桁	激光测量、卡板测量

破坏试验程序如下：

(1)根据几何特征，确定取样部位；

(2)剖切指定部位；

(3)测试强度；

(4)电镜观察内部缺陷(试样和零件剖切)，图 8.1 所示就是某金属基复合材料制件的金相图片；

(5)汇总数据，编制报告。

破坏试验由鉴定小组主导，设计关注的强度、缺陷等结构要素，制造关注的铺贴、固化度、界面等工艺要素，加上鉴定过程中的关键特性要素，综合形成制件剖切示意图。制件按照剖切示意图切开之后，应拍照对比。剖切后的图片应列入鉴定报告中。测试结果可以直接列在首件鉴定报告中，也可以形成单独的报告，但必须作为首件鉴定报告的附件提交。

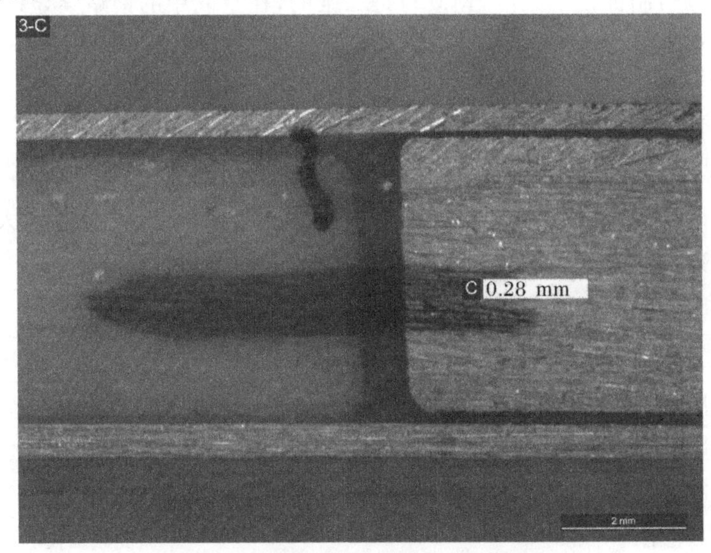

图 8.1　金属基复合材料剖切金相图片

第九章

批产过程中的统计控制

统计控制并不是一个新名词，但其在航空制造中应用较少，是因为缺少环境和支撑，而鉴定体系正是它的支撑。

统计控制是先进质量控制方法之一，也是一个相当复杂的系统。采用何种统计控制方法，取决于产品检验特性的分布状态（包括正态分布、泊松分布、随机分布等）。不同的分布状态有不同的统计控制特征，也会有不同的计算方法，即几何分布状态决定了统计控制的计算方法，也决定了统计控制的程序和方法。本章并不会对统计控制的程序和方法进行详细讨论，而是以正态分布为实例，给出程序和方法，便于使用者快速进行统计控制的操作。正态分布是普遍存在的零件缺陷状态，特别是对零件随炉试板的数值测试结果而言，其基本上都符合正态分布的特征。

采样控制符合AS9100/AS9110/AS9120质量管理体系标准的统计产品验收有关要求，也符合AS9138标准的相关要求。它实现了最大程度的标准化和简化。在错综复杂的航空产品生产过程中，减少用于产品验收的统计技术验收的弹性资源，可以提高安全性和质量性并降低成本。

降低制件生产的质量成本，对产品实施统计控制，应从两个方面入手：①对关键特性进行统计控制；②对产品检验项目进行抽样控制。关键特性的统计控制是基础，反映产品的基本特性；抽样控制是结果，可以降低生产成本。实施统计控制的程序和方法是：确定检验可靠性数值，找到生产过程中的关键特性，对关键特性进行波动控制，计算统计控制数值，依据检验可靠性数值制订检验计划，批准检验计划，实施检验计划。

统计控制是复合材料鉴定中重要的组成部分，是鉴定过程的理论支持依据，也是鉴定过程需要形成的结果。统计控制需要在鉴定过程中确定关键特性及其波动范围。在统计控制初始阶段，需要采集的数据都是在鉴定过程中产生的。统计控制的检验计划必须列在鉴定报告中，且批准的检验计划是后续批产的基础。没有检验计划的鉴定报告是不完备的。

统计控制过程应遵循下述原则：

（1）至少通过下列方法之一表明过程得到充分的统计控制：

1）依据控制图统计结果；

2）使用机械的方法或者其他波动限制方法限定波动范围；

3）将过程控制参数与特性充分联系到一起；

4）统计控制之前至少需要20组连续的数据。

（2）统计控制必须确保数据的集中趋势，或者确保波动处于稳定状态。

（3）具有适当的控制限，且通过控制限与结果的比较，分离出波动的一些原因。

(4)如果过程显示出违反统计控制的趋势,则需要一个可接受的采样计划,或者是100%的检验,直到识别到原因且重新稳定为止。

9.1 确定关键特性

确定关键特性是质量统计控制的重点,也是鉴定活动中的重要工作。鉴定小组中的每个角色都可以确定其职责范围内的关键要素,然后汇总到鉴定小组中,成为鉴定要素。这些关键特性的获得需要大量的数据,分散在鉴定的各个环节中,汇总之后才可以进行统计控制。这些关键特性分布在生产过程中的各个阶段,它们可以从下述几个方面中引申出来。

(1)从设计的角度:材料、结构、功能、重量、耐久性等特性;

(2)从制造的角度:工艺方法、缺陷、工艺参数、机械加工性能、表面状态、检测方法、检测样块、装配、设备、人员等特性;

(3)从用户的角度:安全、便捷、维护、低成本等特性。

上述关键特性在生产中可能存在对应的过程控制点,对这些关键特性的控制实际上就是对生产中这些关键点的控制。当然,并不是对上述所有的关键点都要实施严格控制。有关联关系的控制点,只要它们相互包容,就可以只严格控制其中一点。举例来说,在阳极化工艺过程中,槽间电压的测量是一个关键点,直接影响膜层厚度和均匀度。只要控制了电源的输出电流和电压,以及槽液的均匀程度,就可以放开槽间电压的测量控制。

9.2 对关键特性进行统计控制

如果产品生产量很少,单个关键特性值会呈现分散的特点。如果产品生产得足够多,得到的关键特性值会呈现出典型正态分布。例如,单一材料的拉伸强度值数据量达到50个,可以看到模糊的正态分布形状,如果数据超过200个,就可以计算平均值和偏差。如果生产过程能力值 C_{pk} 超过1.33,利用正态分布理论可知,6σ 内的数值将超过99.7%,这在生产过程中有许多实例。

多个关键特性共同作用之后,检测制件质量的检测点趋向于泊松分布,或者呈现随机分布的特点,也可能符合伯努利轨迹模型。这几种分布也有对应的统

计控制方法，得到的结果也有待于继续探讨。关键特性过程控制要求如下：

(1)使用大量的测量数据支持关键特性的过程控制；

(2)在正常生产时，使用正确测量的数据，包括超出范围的数据；

(3)使用图、表等手段连续记录关键特性的测量数据，用以体现批次、时间的概念；

(4)对安全或关键特性应100%检查，除非在顾客授权的前提下获得了工程授权。

对于不能测量、量化的关键特性，需要通过鉴定程序确认统计控制状态。在鉴定过程中，关键特性的控制状态应被确定，且规定在制造计划中或者制作工艺控制标准样块，供批产阶段使用。控制状态的变更或者标准样块的变更，都被视为重大工艺变更，会引发重新鉴定。

9.3 确定检验可靠性数值

关键特性的控制有助于得到稳定的检验结果。设计技术条件中对检验结果有确定的要求范围，而统计控制中在设计要求范围对检验结果也会有要求，即检验可靠性数值，就是检验结果合格的百分比。为了计算方便，通常将百分比转换为整数。不同的制造商拥有不同的检验可靠性数值，这是通过大批量生产总结出来的。

表9.1给出了大型制造商的成熟工艺的检验可靠性数值。如果是首次计算生产中的统计控制数值，可以参考表9.1中的取值完成计算。

表9.1 零件、过程或者特性检验可靠性最小值

序号	零件、过程或者特性	重要级别	一般级别
1	机加工件	97	92
2	钣金制造	92	90
3	标准件接受检验	97	97
4	无损检验	99	99
5	喷漆、阿洛丁表面处理、电镀、氧化	92	90
6	紧固件孔	98	92
7	复合材料检验	98	95

续表

序号	零件、过程或者特性	重要级别	一般级别
8	电器连接	98	98
9	印刷电路板	97	97
10	印刷电路板组件	99	99
11	电缆铺设	98	98
12	连接器组件	99	99

注:表中第3,4列是相对于100的总分而言的。

表9.1中的检验可靠性数值是航空生产中的通用要求。只有工艺成熟的制件才可能达到这个要求;对于新研制的零件,要通过鉴定过程的大量实践才能达到成熟的程度。

9.4 确定样本量

在统计控制中,计算任何参数之前都需要确定样本量。样本量当然是越多越好,但是,过多的样本量是生产不能承受的。按照AS9100/AS9110/AS9120质量管理体系标准的要求,每一个特定拒收质量标准(RQL)和特定检验可靠性(IRR)都有最小样本量的要求,参见表9.2。

表9.2 特定拒收质量标准(RQL)和特定检验可靠性(IRR)对应样本量

RQL 5%	IRR 50%									
	90.0%	c	95.0%	c	96.0%	c	97.0%	c	98.0%	c
50.0%	7	0	14	0	17	0	23	0	34	0
40.0%	7	0	14	0	17	0	23	0	34	0
30.0%	14	1	14	0	17	0	23	0	34	0
20.0%	44	4	22	1	17	0	23	0	34	0
18.0%	56	5	25	1	17	0	23	0	34	0
17.0%	75	7	26	1	26	1	23	0	34	0
16.0%	95	9	28	1	28	1	23	0	34	0
15.5%	106	10	29	1	29	1	23	0	34	0
15.0%	128	12	30	1	30	1	23	0	34	0
14.5%	156	15	31	1	31	1	23	0	34	0
14.0%	195	19	32	1	32	1	23	0	34	0

续表

RQL 5%	IRR 50%									
	90.0%	c	95.0%	c	96.0%	c	97.0%	c	98.0%	c
13.5%	245	24	45	2	34	1	23	0	34	0
13.0%	325	32	47	2	35	1	23	0	34	0
12.5%	456	45	49	2	37	1	37	1	34	0
12.0%	688	68	51	2	38	1	38	1	34	0
11.5%	1186	118	53	2	40	1	40	1	34	0
11.0%	—	—	69	3	56	2	42	1	34	0
10.5%	—	—	72	3	58	2	44	1	34	0
10.0%	—	—	89	4	61	2	46	1	34	0
9.5%	—	—	108	5	65	2	49	1	34	0
9.0%	—	—	129	6	84	3	51	1	34	0
8.5%	—	—	152	7	89	3	54	1	34	0
8.0%	—	—	193	9	112	4	77	2	58	1
7.5%	—	—	272	13	138	5	82	2	62	1
7.0%	—	—	411	20	185	7	88	2	66	1
6.5%	—	—	691	34	239	9	117	3	72	1
6.0%	—	—	1453	72	341	13	150	4	78	1
5.5%	—	—	—	—	588	23	213	6	113	2
5.0%	—	—	—	—	1215	48	286	8	124	2
4.5%	—	—	—	—	—	—	483	14	170	3
4.0%	—	—	—	—	—	—	955	28	227	4
3.5%	—	—	—	—	—	—	3488	108	373	7
3.0%	—	—	—	—	—	—	—	—	728	14
2.5%	—	—	—	—	—	—	—	—	2481	49
2.0%	—	—	—	—	—	—	—	—	—	—
1.5%	—	—	—	—	—	—	—	—	—	—
1.0%		—	—	—	—	—	—	—	—	—
0.5%	—	—	—	—	—	—	—	—	—	—

续表

RQL	IRR 50%							
5%	99.0%	c	99.5%	c	99.8%	c	99.9%	c
50.0%	69	0	138	0	277	0	693	0
40.0%	69	0	138	0	277	0	693	0
30.0%	69	0	138	0	277	0	693	0
20.0%	69	0	138	0	277	0	693	0
18.0%	69	0	138	0	277	0	693	0
17.0%	69	0	138	0	277	0	693	0
16.0%	69	0	138	0	277	0	693	0
15.5%	69	0	138	0	277	0	693	0
15.0%	69	0	138	0	277	0	693	0
14.5%	69	0	138	0	277	0	693	0
14.0%	69	0	138	0	277	0	693	0
13.5%	69	0	138	0	277	0	693	0
13.0%	69	0	138	0	277	0	693	0
12.5%	69	0	138	0	277	0	693	0
12.0%	69	0	138	0	277	0	693	0
11.5%	69	0	138	0	277	0	693	0
11.0%	69	0	138	0	277	0	693	0
10.5%	69	0	138	0	277	0	693	0
10.0%	69	0	138	0	277	0	693	0
9.5%	69	0	138	0	277	0	693	0
9.0%	69	0	138	0	277	0	693	0
8.5%	69	0	138	0	277	0	693	0
8.0%	69	0	138	0	277	0	693	0
7.5%	69	0	138	0	277	0	693	0
7.0%	69	0	138	0	277	0	693	0
6.5%	69	0	138	0	277	0	693	0
6.0%	69	0	138	0	277	0	693	0
5.5%	69	0	138	0	277	0	693	0
5.0%	69	0	138	0	277	0	693	0

续表

RQL	IRR 50%							
5%	99.0%	c	99.5%	c	99.8%	c	99.9%	c
4.5%	69	0	138	0	277	0	693	0
4.0%	117	1	138	0	277	0	693	0
3.5%	134	1	138	0	277	0	693	0
3.0%	157	1	138	0	277	0	693	0
2.5%	250	2	138	0	277	0	693	0
2.0%	456	4	236	1	277	0	693	0
1.5%	1456	14	315	1	277	0	693	0
1.0%	—	—	913	4	473	1	693	0
0.5%	—	—	—	—	1 829	4	693	0

9.5 计算统计控制数值

统计控制建立在生产中计算数值及控制生产中关键特性的基础之上。统计控制数值表达了统计控制的水平，是决定最终是否采用采样检验的关键。如果数值超过特定水平，例如 C_{pk} 超过 1.33，则可以使用检验可靠性数值和质量控制类型确定检验计划。

充分利用统计控制数值的边际效应，完善关键特性点的控制，是鉴定的主要工作，既可以提升生产制造的水平，又可以完善鉴定过程。下列控制量是必须计算的：

(1)标准偏差 S。由于样本数量的缘故，总体偏差代表生产过程中特性的波动，样本标准偏差只能是总体偏差的估算值，有

$$S=\sqrt{\frac{\sum (X_i - X_n)^2}{n-1}}$$

式中：S——标准偏差；

X_i——单个样品数值；

X_n——样品平均值；

n——样本数量。

(2)工艺能力 C_p,即能力除以工程容差范围,相当于工程潜能。计算时通常以 6 倍的标准偏差作为初始设定。

$$C_p = \frac{\mathrm{USL} - \mathrm{LSL}}{6\sigma}$$

式中:USL——工程容差上限;

LSL——工程容差下限;

σ——总体偏差,通常用标准偏差 S 代替。

(3)C_{pk}是工程容差范围与工程能力的比值,代表过程能力。这个参数是基于正态分布的理论确定的,适用于单一关键特性的计算。多个关键特性组合之后,结果的分布状况会有改变,就不再适用 C_{pk}的计算,可以用 C_{pm}或者 C_{pu}等代替,具体见统计控制文件。

$$C_{pk} = \min\left(\frac{\chi - \mathrm{LSL}}{3\sigma}, \frac{\mathrm{USL} - \chi}{3\sigma}\right)$$

式中:USL——工程容差上限;

LSL——工程容差下限;

χ——工程要求值,若没有工程要求,可以统计控制中值代替;

σ——总体偏差,通常用标准偏差 S 代替。

(4)控制限,是根据标准偏差设定的波动范围。目标特性的公差可以作为标准公差,控制限就是在标准公差上人为设定的约束范围,目的是警戒控制量的偏差。

控制限包括上限、下限、次级上限、次级下限。如果目标特性的公差仅仅是一个下限,则必须建立一个 75%的次级下限。如果目标特性的公差仅仅是一个上限,则必须建立一个 125%的次级上限。如果目标特性是两边的,那么目标特性次级限必须以 25%的原始容差宽度建立,次级上限超过原始的上容差限,同时次级下限低于原始的下容差限。产品的特性测量值在原始限与次级限之间,且不超过规定的数量,则产品是合格的。产品的特性测量值在次级限之外,或者在原始限与次级限之间的数量超过规定值,则产品应被拒收。

上述统计控制数值只是统计控制的基础数值,其他还有平均检出质量 AOQ 值、平均检出质量限 AOQL 值、期望检出质量 EOQ 值、缺陷比例 ERP 值、加权移动平均指数 EWMA 值等,此处不一一详述,请参见 ISO 2859-1 系列文件。统计控制数值应列在首件鉴定报告中,作为后续批产过程的执行依据。批产数值与鉴定数据不符,是重复鉴定的依据。

9.6　确定检验计划

单个质量控制因素特别是最终产品检测项目的结果与整个产品制造过程相关，也是各个关键特性控制综合影响的结果，两者存在相关性。但是，在生产过程中，可能会漏掉几个产品生产的关键特性，导致最终产品质量的不可控。这两者可以相互印证，相互促进，提升产品的最终质量。随着批产过程中生产速率的提升，产品最终检测项目可以采用抽样的方法进行控制。

统计控制检验计划应列在首件鉴定报告中，作为后续批产过程的执行依据。检验计划的重大更改，也是重复鉴定的依据。

检验计划中包含抽样计划。抽样计划可以单独批准，也可以与检验计划一同批准。抽样计划中的下列点必须突出(控制限设定为3倍标准偏差时)：

(1)一点落在控制限之外；

(2)连续3点中，有2点落在2/3控制限之外；

(3)连续5点中，有4点落在1/3控制限之外；

(4)连续8点落在中心线的一侧；

(5)6点连续递增，或者连续递减；

(6)连续14点交替上下。

上述偏离规则中，后续的条目只是过程不稳定的迹象，而不是失控状态的证据。迹象和证据的不同是过程已经确定改变的确定度。在图、表上出现迹象或者证据前，原因已出现在许多样本上，除极端情况外，重要的是查找改变的原因。

在确定采样计划之前，应对整个检验计划进行通盘考虑，协调采样计划和过程控制之间的关系，确定检验采样的控制点，避免相互之间重复检验，并特别注意下述几点：

(1)每一次验收按一个单位还是按一批进行。此决定受到交付方式、订单数量影响，或直接按照合同规定。

(2)可否应用转移规则。多年来，抽样检验计划要求用户跟踪来自于抽样检验过程之前的接收或拒收的记录，并根据过程历史增加和减少样本量。增加和减少样本量叫做“转移规则”。转移规则对于长生产周期、稳定的质量、相对大的批量和良好的计算支持管理细节有所帮助。转移规则有时被要求参考历史标准。还有一种情况是，简明的孤立批抽样计划可以抵消使用复杂的转移规则带来的潜在的成本。

(3)在第4个决定阶段要求判断产品质量的评估是以计数型还是计量型为基础。这个问题主要取决于计算水平和可用的管理资源,因为计量型数据涉及收集每一个验收特性的详细的测量情况。来自于计量抽样的附加信息确实考虑到履行少量的特性检验。所以,权衡的方法就是进行少量特性的计数检验,而且每一个单元检验成本较高。

(4)最后一个决定性因素在于确认是否为单独的过程,保证控制逃逸的概率。

9.7 抽样计划执行标准

抽样计划有许多标准,依据不同的情况执行不同的标准。下列条件也适用于所有服从具有转移规则的批验收抽样。服从批抽样计划允许接受采样批或炉批基于检验一批或生产炉批的一部分。为了保持此检验方法使验收的产品质量具有长期的可信度,抽样计划应符合下列要求:

(1)应清晰识别整个抽样检验的全过程或者分离出批或炉批;

(2)批或炉批中的每一个单元应在同样的设计要求和制造条件下制造;

(3)按批量或炉批量选择样本量,取决于这些常规批抽样计划,提供不同批量不同数量的用户保护。默认水平一般是ANSIZ 1.4,ISO 2859-1检验水平Ⅱ,或等同文件。

对于抽样计划的判别标准,是保证生产的零件符合检验可靠性水平或之上,且生产过程可控,尽可能降低关键特性波动水平。也可以依据评估批质量判断抽样计划是否能够应用于生产,测量评估批样本中每一个生产单元的质量特性。批接受/拒收的决定常常取决于样本平均和样本测量的分布(标准偏离、分组范围等)。接受/拒收决定应在使用样本统计并获得合格与否的评估之后做出。

抽样文件应至少包含以下方面的要求:

(1) 抽样频率;

(2) 样本量;

(3) 验收标准;

(4) 测试或者测量的方法;

(5) 失控或者过程丧失能力后的方法。

9.8　确定过程控制程序

通用的过程控制要求是在鉴定过程中取得的。在这个过程中，所有的关键特性和检验特性都应被验证。统计过程控制遵循下述要求。

1. 数据

统计控制中的数据是第一位的，用于表明测量的变量和输出之间的关系[26]。零缺陷的政策限制了统计控制用于定量属性的数据的产品验收，它要求与验收标准有关的数据应是充分的。如果计数型数据被允许，此数据应表明充分的能力，表明关键特性的符合性。

2. 利用过程控制减少检验

为了减少批产过程中的检验，鉴定过程中的所有产品（包括试制批和验证批）必须被验证。除非特殊原因导致生产的频率不够，或者不合格的总频率小于最小不合格概率（1 - IRR），否则必须在预生产制造、预生产验证、首件鉴定期间制造足够数量的样品。

3. 人员控制

现场人员除了具备相关专业知识之外，还需熟悉统计控制的要求，具体包括：

（1）所有相关的过程控制工具的使用和说明。

1）对 SPC，这包括控制图的应用和说明；

2）对防错技术，这包括所有预防频繁的或偶尔的不合格过程元素的操作知识；

3）为了控制过程参数，这包括控制过程参数波动必要的元素。

（2）当过程控制失效时，要求采用适用的、及时的纠正措施。

4. 过程控制点

应保持适当的过程控制点以保证从最后一个检验点至发运给顾客的制件的关键特性符合工程要求，并且保留特性的完整性，以便于与检验规程对照检查。

5. 时间或生产订单顺序

任何用于过程控制目的的样本都应按照时间或生产顺序记录和保持。

6. 定期的内部审核

使用定期的内部审核制度，且不能被外部审核代替。内部审核的记录、结果也是统计控制的原始记录，而外部审核的记录、结果不能作为统计控制的原始记录。

7. 挽救性系统

编制相应的程序，使生产具有挽救所有产品的能力，包括任何没试验或没测量的产品，且有所怀疑的产品；产品的可追溯性应与过程控制系统相结合。当过程不稳定时，不稳定的点应包括在相关制造产品的质量记录中。

8. 评估纠正措施效果

纠正措施应被评估以确定按照过程控制计划验收的产品特性的效果。应避免在没有进行过程偏差统计确认的指示情况下，对过程控制计划调整或更改。

9. 统计过程控制

在 SPC 工具用于满足这些要求的地方，可采用下列一组文件之一：

(1)位置和分布：SPC 图可以跟踪过程平均和过程波动的更改。

(2)控制极限。

(3)SPC 控制图可以建立基于 1/1 - IRR 数据的分组，但不少于 20 的统计控制限。

适用的控制限和规则应确定从特殊原因波动中分出普通原因。这个限制应基于来自过程的数据而且不被产品要求(工程公差等)所影响。

典型的统计过程控制图包括绘制的控制限、警示限和区域。

10. 稳定性基础

控制限或其他过程稳定性标准应基于采取下列条件之一的过程的测量：

(1)当过程在稳定条件下运营时，包括在固定生产中的内在的波动源。

(2)当过程偶尔有特殊原因时，计算时应将不典型的波动源移除(过程设置和极端值)。

(3)对于过程能力超出产品需求的情况,控制限可以被设置为宽于3δ。然而,当应用SPC验收产品时,控制较宽的极限不要超出最小合格概率要求。

如果过程提供的证据违背统计稳定性,按过程方法验收的产品应该暂缓进行而且应使用交互的检验方法,直到过程稳定。

当过程有识别的更改时,稳定性测量应重新评估,包括控制限,第一件和最后一件等。当此控制限被更改时,相关的能力测量也应重新计算。

11. 调查

当一个点落在控制限的区域之外时,应调查波动的特殊原因。失控点应注解在控制图上,而且采取的纠正措施行动应被记录。如果对过程调查之后,没有发现特殊的波动源,此过程可以按错误的报警处理。失控点不能认为是报警,且不能认作随机问题。

12. 充足的能力

如果不是工程图纸、规范和其他的设计文件有规定,那么数据在公差范围内已经提供了90%的可信度。如果是单边公差,过程能力具有90%的可信度指过程能力在极限接收的一边,应该使用统计确认能力测量。

能力计算应该包括演绎过程能力稳定的所有数据。

如果特性没有能力,组织应识别和控制与特性关联的过程的波动源并采取行动。这些调查发现和纠正措施应形成文件。如果过程不满足最小能力要求,批准的抽样检验计划或100%检验必须被合规化,直到原因被识别、能力被确认。

13. 能力信服限

主体中计算的C_{pk}值要求具有90%的可信限,即在相应栏目最高点的给定样本量的真实C_{pk}值不小于1.0。采集的测量数量的数值是实际测量的特性数量,而不一定是必需的绘制点的数量。能力信服限的计算是假设测量服从正态分布。

14. 过程监视频率

在停止100%检验和转化到抽样检验的过程中,应采用下列规则:

(1)在受影响的产品离开直接加工区前,选择一个过程监视频率,能至少采集一个观察对象。

(2)过程监视频率应能及时探测到过程跟踪的偏移或某种意义上的趋势，这样能发现从以前的控制点开始的没有检测或测量的生产的产品。这个频率应该写成文件。如果后面要更改，也要写成文件。

15. 波动限制

如果能够满足统计控制数据要求，计算很充分而且和应用的检验可靠性保持一致，工具止动件或其他的工具波动限制机构、过程控制设置、标准过程和/或防差错设备可以用于验收产品。

16. 过程参数控制

如果过程参数是充分的而且符合应用检验可靠性 IRR，则过程参数控制可以用于验收产品。如果以控制、参数或特性而不是那些最终检验的要求作为确定符合的依据，应该在控制和要求之间建立适当的关系。一个适当的关系可以表明，相对于质量参数，当未检验的特性不合格时，检验的特性可预测的概率很高。只要是用于产品验收，这些关系研究的记录应该保存下来。

17. 连续抽样

无论何时，连续抽样都可以用于每次验收一个单元的产品。所有连续抽样应该包括 1 个或更多的 100 %检验阶段，直到一些连续检验的单元数无不合格品为止。当不进行 100%检验时，检验部分样本单元。目前存在单一水平连续抽样和多次水平连续抽样两种模式，当过程质量很高时，后者允许减少检验比例。无论何时，当发现样本单元不合格时，都应遵循特殊的抽样计划要求，通常是增加检验。

当部分检验阶段发现不合格时，应该控制怀疑的产品。当知道下一个单元的结果时，任何跳动的单元都应该及时被追回。所有的样本单元应该以可验证的随机抽取方法获得，否则，如果不能随机就相当于使用了跳动批抽样。

像其他连续抽样计划，如果质量结果表明要增加检验，那么那些要被履行检验的单元件应该是可检查的。因此，如果检验过程滞后(同时也有必要的话)，在获得增加检验的时间段(指滞后检验这个特定的时间)，应进行所有连续批次的检验工作。

18. 连续抽样质量参数

当书面的抽样计划使用连续抽样时，AOQL 应在文件中体现。如果规定了

IRR，AOQL 应该不大于 1－IRR。

如果质量要求以 AQL 来表示，那么它们也可以用做合格的 AOQL 的替代值。

19. 连续制造过程——生产批的第一个和最后一个生产单元

用自动回归和自动关联的统计分析的证据，如果被使用，当第一个测量给定时，应按规范比较批中的最后一个测量预测间隔。用于分析的时间顺序模型应该和参数评估、预测间隔一起写入文件。

任何“第一和最后”模型应用可以要求表明精确的批中的连续单元混合质量。100%合格或不合格的批中的计数型数据不能演绎出批中的第一个和最后一个比其他单元看起来更有可能不合格的结论。

当在计数基础上做这些事时，表明连续的合格和不合格的单元组成的混合批的数量取决于质量要求和实际数模满足要求的程度。模型应该表明批中部分不符合等于 1－IRR 的证据，批中应该通过的部分样本量小于或等于 50%。

9.9 统计控制的应用

统计控制是鉴定过程的重要任务，主要在两个阶段实施：工艺能力鉴定阶段和首件鉴定阶段。工艺能力鉴定阶段是初步应用，使用较少的样本量计算统计控制数值。这个阶段也可以采用在线数据计算制造商工艺能力，确保它们进入制造的候补名单。在首件鉴定过程中，统计控制是重点工作内容，常常会遇到样本量不足的问题，这个问题需要在预生产制造和预生产验证阶段解决。

统计控制的结果列在首件鉴定报告中，包括相应的检验计划。首件鉴定报告的批准意味着生产要求整体已经完备，可以开始批产。批产中应严格按照首件鉴定中的要求执行，包括抽样。抽样计划的任何改变，都会导致重新进行首件鉴定，其后的生产是批产的重新开始，而不应视为原批产的延续。

参考文献

[1] 质量管理与质量保证技术委员会. 质量管理体系　航空、航天与国防组织要求：AS 9100 [S]. 北京：中国标准出版社，2020.

[2] 质量管理与质量保证技术委员会. 质量管理体系　航空维修组织要求：AS 9110 [S]. 北京：中国标准出版社，2020.

[3] 质量管理与质量保证技术委员会. 质量管理体系　航空航天分销商要求: AS 9120 [S]. 北京：中国标准出版社,2020.

[4] 国际航空航天质量组织. IAQG 供应链管理手册(SCMH)[EB/OL]. [2023-02-21]. http://www.sae.org/iaqg/.

[5] 陈舸. 点焊胶接件制造过程控制方法[J]. 粘接，2004,25(2):41—44.

[6] 国际航空航天质量组织. 计数型抽样检验程序：第一部分　依据 AQL 定义的批抽样检验方案[S]. 比利时:国际航空航天质量组织,[1980].

[7] 国际航空航天质量组织. 计数型抽样检验程序：第三部分　跳动批抽样程序[S]. 比利时:国际航空航天质量组织,[1980].

[8] 国际航空航天质量组织. 计量型抽样检验程序：第一部分　用于单个的质量特征和单个的 AQL 的单个批抽样检验计划规范[S]. 比利时:国际航空航天质量组织,[1980].

[9] 国际航空航天质量组织. 统计方法：按照规定的要求评估符合性指南：第一部分　通用原则[S]. 比利时:国际航空航天质量组织,[1980].

[10] 国际航空航天质量组织. 统计过程控制实施指南：第一部分　SPC 元素[S]. 比利时:国际航空航天质量组织,[1980].

[11] 国际航空航天质量组织. 统计过程控制实施指南：第二部分　工具和技术目录[S]. 比利时:国际航空航天质量组织,[1980].

[12] 国际航空航天质量组织. 测量的不确定性：第一部分　测量不确定性表述介绍[S]. 比利时:国际航空航天质量组织,[1980].

[13] 质量管理与质量保证技术委员会. 测量的不确定性：第三部分　测量不确定性表述指南[S]. 北京:质量管理与质量保证技术委员会,[1985].

[14] 质量管理与质量保证技术委员会. 测量的不确定性：第四部分　测量不确定性在符合性审核的作用[S]. 北京:质量管理与质量保证技术委员会,[1985].

[15] 国际航空航天质量组织. 用于计数型检验的抽样检验程序和表[EB/OL]. [2023-03-22]. http://webstore.ansi.org.

[16] 国际航空航天质量组织. 用于计量型检验的抽样检验程序和表[EB/OL]. [2023-03-22]. http://webstore.ansi.org.

[17] 国际航空航天质量组织. 质量控制图指南[EB/OL]. [2023-03-22]. http://webstore.ansi.org.

[18] 国际航空航天质量组织. 分析数据的控制图方法[EB/OL]. [2023-04-17]. http://webstore.ansi.org.

[19] 国际航空航天质量组织. 生产期间控制质量的控制图方法[EB/OL]. [2023-04-17]. http://webstore.ansi.org.

[20] 国际航空航天质量组织. 计数型跳动批抽样项目[EB/OL]. [2023-04-17]. http://webstore.ansi.org.

[21] 质量管理与质量保证技术委员会. 合格的可靠性工程底漆[S]. 北京:质量管理与质量保证技术委员会,[1985].

[22] THOMAS W C. 统计技术:如何和啥时候履行贝叶斯验收抽样:ASQC在质量控制中的基本参考[Z]. [出版地不详]:ASQC,[1996].

[23] 汽车工业行动小组. 测量系统分析参考手册[EB/OL]. [2023-04-17]. www.aiag.org.

[24] 汽车工业行动小组. 潜在失效模型和影响分析[EB/OL]. [2023-04-13]. www.aiag.org.

[25] 汽车工业行动小组. 用于工装和设备的潜在失效模型和影响分析[EB/OL]. [2023-04-13]. www.aiag.org.

[26] SAE International. 用于民用空气动力系统和设备上进行安全评估过程的指南和方法[S]. [2023-02-18]. www.sae.org.

[27] SAE International. 推荐用于非机动车应用的失效模型和影响分析实践[S]. [2023-02-18]. www.sae.org.

[28] SAE International. 统计产品验收要求[S]. [2023-02-18]. www.sae.org.

[29] SAE International. 孤立批抽样的统计产品验收要求[S]. [2023-02-18]. www.sae.org.

[30] SAE International. 使用计数型或计量型的批抽样统计产品验收要求[S]. [2023-02-18]. www.sae.org.

[31] SAE International. 使用过程控制的统计产品验收要求[S]. [2023-02-18]. www.sae.org.

[32] SAE International. 使用连续抽样、跳动批抽样和特殊情形下抽样的统计产品验收要求[S]. [2023-02-18]. www.sae.org.

[33] SAE International. 设计潜在的失效模型和影响分析和装配的潜在失效模型和影响分析[S]. [2023-02-18]. www.sae.org.

[34] 质量管理与质量保证技术委员会. 计数型抽样检验程序:第一部分　按AQL定义的批抽样方案[S]. [2022-10-31]. www.sac.gov.cn/sacen/.

[35] 质量管理与质量保证技术委员会. 计数型抽样检验程序:第三部分　跳动批抽样程序[S]. [2022 - 10 - 31]. www. sac. gov. cn/sacen/.

[36] 质量管理与质量保证技术委员会. 变量抽样检验程序:第一部分　以AQL定义的单个质量特征和单独的AQL的批抽样检验规范[S]. [2022 - 10 - 31]. www. sac. gov. cn/sacen/.

[37] Military Specification. 无损评估系统可靠性审核[S]. [2022 - 01 - 30]. http//:Quick search. dla. mil.

[38] Military Specification. 计数型检验抽样程序和表[S]. [2022 - 01 - 30]. http//:Quick search. dla. mil.

[39] Military Specification. 按照缺陷百分比的计量型抽样程序和表[S]. [2022 - 01 -30]. http//:Quick search. dla. mil.

[40] Military Specification. 单个和多水平的计数型检验连续抽样程序[S]. [2022 - 01 - 30]. http//:Quick search. dla. mil.

第十章 使用复合材料鉴定

复合材料鉴定需要通过设计主导，将设计和制造进行紧密结合，同时召集项目代表、适航代表、军代表等，形成密切联系的工作团体。

复合材料鉴定涵盖研制、设计、制造、交付、使用、维护、回收等过程，要将材料研究队伍、设计队伍、制造队伍、使用人员、维护维修人员紧密联系到一起，才能够完成。鉴定的大部分工作在复合材料制造阶段完成，因为这是复合材料实现的重要阶段，也是制件制造水平的验证阶段。鉴定表面上看起来是制件完成质量控制的过程，但数据的集中和传递过程才是鉴定的核心内容。

在复合材料制件设计、制造的各个阶段都应贯彻复合材料鉴定，特别是制件生产转包的阶段，很容易出现质量不稳定，给航空器的使用带来隐患。目前主承包商对次级承包商的审核停留在质量审查的阶段，并没有对制件的整体波动进行记录，且过程中没有设计人员的参与，也没有客户的参与，是不完善的，应按照鉴定程序纠正。

在航空复合材料鉴定过程中，有几个应用的核心部分，分别是复合材料制件的分级分类、工艺鉴定、预生产制造、首件鉴定、重复鉴定。这几个阶段与复合材料的应用水平、复合材料生产的统计控制等数值计算相关，能够客观评价制件的制造水平。

鉴定的过程应注意下列事项：

(1)材料研制是鉴定过程的一部分。材料研发、材料验证、材料入厂复验、随炉试板的数据都应该在鉴定小组手中，以便于计算统计控制数值。

(2)鉴定贯穿设计、制造和使用，将整个复合材料生命周期串联到一起。所有阶段的成果都汇总到研制团队这里，评估复合材料的使用情况，为下一阶段的复合材料应用做准备。

(3)鉴定可以是对主机厂复合材料制件的鉴定，也可以是主制造商对零件制造商的鉴定，只是鉴定程序中的项目可能不一致。

(4)复合材料鉴定也可以用于航空器修理厂。

(5)鉴定结果可以用到损伤容限的计算中，预测制件的使用寿命，并在寿命结束阶段得到验证。

10.1　组建鉴定团队

复合材料鉴定的第一步是组建鉴定团队。复合材料应用团队是需要首先建立的团队，它依托型号项目，主要职责是确定复合材料零件、组件、部件甚至整机的类型和信息，制定复合材料应用原则，分派鉴定工作，审核并批准鉴定报告。

复合材料应用团队的成员包括设计系统的代表、制造系统的代表、质量系统的代表、客户代表或者适航系统的代表、型号项目的代表、工程联络成员等。复合材料应用团队由型号总师负责。

复合材料应用团队指定鉴定小组，负责各个不同阶段的鉴定工作。鉴定小组成员包括设计、工艺、质量、客户/适航、工程联络等各方面的代表。复合材料鉴定小组可能包含多个专业成员，包括高分子、表面处理、机加、无损检测、理化测试等。鉴定小组的职责如下：

(1)汇总复合材料在型号上的应用情况，制定复合材料分级、分类、分族的清单；

(2)汇总复合材料制造商情况，制定制造商名册；

(3)制定鉴定要求和程序；

(4)审定并批准鉴定申请、鉴定计划；

(5)鉴定过程的现场审核；

(6)审批制造商制造计划；

(7)审查、分析、批准纠正措施；

(8)审查鉴定报告，提交复合材料应用团队批准；

(9)制定批准的复合材料制造商目录。

10.2 明确鉴定对象

复合材料鉴定体系是针对整个复合材料应用而设定的，其中一些鉴定程序只针对制造商或者其他主体，实施过程相对简单。其中人员鉴定、设备鉴定是对制造商或者维修厂的要求，鉴定小组只需要审核流程和结果就可以了。

对于型号来说，复合材料的分级、分类是确定的，分族根据鉴定实施的对象不同会有区别。零件分包过程中应重新分族。分族情况决定了鉴定的复杂程度。

复合材料鉴定体系有广泛的用途，既可以用于型号中主制造商的审核，又可以用在转包项目中对次级供应商进行审核。同样，复合材料鉴定体系也适用于飞机修理厂的评估和审核，以获得高质量的修理产品。在制件转包生产或者制件修理时，应梳理整个鉴定流程，依据制件的分级、分类情况确定。原制造过程中的分级、分类也适用于这个过程，而分族则应按照修理的产品类型进行重新划分。划分的结果应提交鉴定小组批准。只有实施全面鉴定之后，航空器的产品

质量才能得到保证。

复合材料中的原材料鉴定也可以使用复合材料鉴定程序。

10.3　鉴定实施

复合材料鉴定体系中，工艺能力鉴定、首件鉴定和重复鉴定是核心，是复合材料产品符合工程要求的关键点，是取得复合材料真实数据的必要途径。其他项目可以围绕它们展开：如果统计控制数据不够，可以引入预生产制造，增加性能数据；如果产品复杂，设计或者制造商没有经验，可以进行预生产制造。

复合材料鉴定是对复合材料产品的评估过程，使用了过程控制和统计控制的手段。

复合材料鉴定实施围绕材料和结构展开，是材料和结构的验证过程，也是数据收集、传递的过程。

复合材料鉴定由复合材料应用团队统一协调管理。

复合材料产品各阶段工作允许并行，但涉及关键节点的工作不允许超越。

复合材料鉴定实施步骤见表10.1。

表10.1　鉴定实施步骤

步骤	鉴定操作	责任者	输出
1	复合材料鉴定管理规定	复合材料应用团队	鉴定程序文件
2	汇总复合材料制件	鉴定小组	复合材料制件清单
3	工艺能力鉴定申请	制造商	申请表
4	人员鉴定、设备鉴定、工艺鉴定	鉴定小组、制造商	工艺能力鉴定报告
5	进入制造商目录	鉴定小组	合格供应商清单
6	预生产制造	鉴定小组、制造商	预生产制造报告
7	预生产报告提交	鉴定小组	合格试验件
8	预生产验证计划	制造商	预生产计划
9	预生产验证审核	鉴定小组、制造商	预生产验证报告
10	预生产验证报告	鉴定小组	批准单
11	编制首件鉴定计划	制造商	首件鉴定计划
12	首件鉴定计划批准	鉴定小组	批准单

续表

步 骤	鉴定操作	责任者	输 出
13	首件鉴定审核	鉴定小组、制造商	首件鉴定报告
14	首件鉴定报告批准	复合材料应用团队	批准单
15	重复鉴定	鉴定小组、制造商	重复鉴定报告
16	重复鉴定报告批准	鉴定小组	批准单
17	环境试验件、寿命到期件的评估	复合材料应用团队	试验评估报告

10.4 鉴定决策

复合材料应用团队是领导机构，也是最终鉴定批准机构。复合材料应用团队指定的鉴定小组是执行部门，负责对鉴定过程进行指导和审查。鉴定小组应提供批准或者不批准的理由和证据，供复合材料应用团队参考。

复合材料鉴定有“批准”“不批准”“开放”三种结果，分别代表符合要求、不符合要求、需要继续验证的三种状态。“批准”意味着鉴定的制件符合工程要求，生产过程有很好的控制，符合统计要求，可以批产。“不批准”意味着鉴定失败，需要重新开始鉴定程序。“开放”的前提是在鉴定过程中零件能够达到的质量/性能，虽然结果/记录不完全一致，但相信不会导致鉴定失败(失败的风险非常低)；或者结果有一些偏差，需要对技术基础做一些调整；或者统计数据不充分，需要在后续生产中采取严格的检验措施(不能抽样)，并取得连续的数据验证波动范围，直至波动稳定。

鉴定结果开放时，可以由鉴定小组发出临时批准，使制造商可以开始批产。鉴定小组继续跟进生产的结果，直至取得足够的样本来进行封闭鉴定为止。这时候，鉴定小组可以将鉴定报告提交到复合材料应用团队获得批准。

如果工艺非常简单，并且在鉴定计划中明确指出“不需要完成鉴定”，则批准的鉴定计划也可以作为批产的依据。

10.5 持续改进

复合材料鉴定体系中，重复鉴定就是持续改进的过程。重复鉴定的过程与首件鉴定一致，但是重复鉴定中加入了批产过程中的数据，使得统计控制更符合设计技术条件的要求，结果更加真实、可信。不仅如此，重复鉴定还需应用新的

工艺控制方法和新的检验方法，做到数据更精确，控制更有效。

由于复合材料鉴定体系的闭环管理，产品使用、维护的数据可以返回到设计端和制造端，完善工程图样和制造工艺，从而达到优化航空器性能的目的。同时，鉴定过程中，也能够持续改进鉴定管理规定，完善鉴定程序。

10.6　鉴定周期

复合材料鉴定贯穿于型号产品中复合材料应用的整个生命周期，一直要到所有型号飞机退役之后才能结束。

在复合材料鉴定体系中，各个鉴定单元与型号研制、制造相关联，是实施周期控制的，用下述关键节点控制：

(1)首件鉴定。首件鉴定之前的鉴定都要完成，包括人员鉴定、设备鉴定、工艺鉴定、预生产制造、预生产鉴定等。首件鉴定之前，设计冻结，所有设计要素齐备。

(2)批产。批产前，首件鉴定完成批准(无论是正式批准还是临时批准)。首件鉴定批准后，制造工艺冻结，只能使用批准的工艺批产。

(3)批产过程中。批产中，使用重复鉴定控制生产中的关键节点。

(4)工艺能力鉴定。无论是主机厂还是转包商，制造商只有完成工艺能力鉴定之后，才能进入供应商目录，才有资格生产复合材料制件并供货。

(5)重复鉴定。重复鉴定的周期通常是一年，最长的期限不能超过两年。

第十一章 复合材料的重复鉴定

重复鉴定是高水平制造保持的过程。高水平制造不但要靠自主约束,也要有持续监督。重复鉴定就是监督的过程。

重复鉴定是指在批产过程中对制造商的审核。鉴定的目的是制造高质量的产品，并在批产过程中保持高质量的制造。重复鉴定的目的就是保持高质量制造的过程。重复鉴定是复合材料鉴定体系中的关键环节。

重复鉴定是对生产中过程控制和统计控制的重新审视过程。一是完成生产与首件鉴定的对比；二是制造试板和试验件，增加统计控制的样本量，重新计算统计数据，确定制件与工程要求一致。重复鉴定中的基本操作过程与首件鉴定一致，要求也是一致的。重复鉴定与生产过程密切相关，重复鉴定中包含了许多质量体系的内容，包括纠正措施、设计更改贯彻、工艺改进、容错机制、内审、特殊过程的识别与确认、子供应商的确认和审核等内容。

鉴定小组在完成首件鉴定的评估后，需要在评估报告中指出重复鉴定的时限，一并提交复合材料应用团队批准。重复鉴定伴随着相应的触发机制，可能随时会发生。这些触发机制包括：

(1)时间节点引发重复鉴定：在批产过程中，鉴定是周期性的。周期性控制能够使生产的波动范围得到控制。

(2)波动引发重复鉴定：对于关键特性实施常规的波动检测，例如对槽液的成分和比例进行控制。一旦波动异常，就应找到原因，并引发重复鉴定。

(3)重大质量事故引发重复鉴定：批产过程中的重大质量事故会引发重复鉴定，甚至要求回到首件鉴定(依据具体情况而定)。鉴定小组做最终决定。

(4)设计更改引发重复鉴定：如果制件工程图纸发生重大变化，就应重新审视鉴定的基础，例如分级、分类、分族情况，并作出相应的调整。一般来说，设计的重大更改至少要求重复鉴定。

同时，复合材料制件的重复鉴定是在批产过程中完成的。重复鉴定适用于两种情况。一是生产稳定且重复进行，则只需要在规定时间内完成重复鉴定。二是生产发生下列状况，也会引发重复鉴定：

(1)某一工艺停止生产零件超过 9 个月；

(2)当设备/设施出现重大变化(如新置、迁移、大修等)时；

(3)当所使用的工艺规范出现重大的更改(如工艺方法、工艺参数变更等)时；

(4)工艺性能的质量等级方面严重下降；

(5)操作人员变更。

11.1 重复鉴定的时间限制

鉴定具有时效性。首件鉴定与重复鉴定的周期通常都是12个月，之后每12个月进行重复鉴定。

鉴定小组可以视情况调整后续重复鉴定的时间间隔。初次调整可以延长至18个月，若连续完成，且数据良好，则可延长至24个月。

鉴定小组应编制文件，记录每个制造商的鉴定状况和期限。如果制造商超出鉴定期限，则应从工艺能力鉴定开始，重新完成整个鉴定流程。

11.2 重复鉴定实施

重复鉴定是全面审视的过程，不但包括对前述鉴定过程的审视，还包括对制造商制造过程质量的审视，以及对制造商批产交付制件的审视。

(1)鉴定过程的审视：重复鉴定的审查人员应对首件鉴定很熟悉，了解首件鉴定中存在的缺点，利用重复鉴定采集更多的数据，补充统计控制数据，完善波动控制范围，并增加关键特性的控制点。在这个过程中，一般会涉及操作人员的更新、设备的更新、工艺方法的调整、检验方法的更新等等。

(2)制造商制造质量的审视。审查员应跟产，观察制件生产状况，理解生产体系的质量执行情况，最好是跟踪族代表零件的生产，并与首件鉴定报告作对比。审查员也应对质量体系很熟悉，了解不合格品控制、纠正措施运行、特种工艺项目确认、子供应商控制、防差错和多余物控制等先进质量控制内容，检查制造商现场生产过程质量运行状况等。

(3)制造商批产交付制件的审视。审查员应调取批产交付记录，汇总交付的质量问题，以及实际制件与工程要求的偏差，将其反馈给鉴定小组，由鉴定小组确定偏差的解决方案。如果解决方案是更改工程图纸，应立刻通知制造商结果；如果解决方案是制造改进，则应全面调整关键特性的控制点，收紧波动控制范围，严重的情况下会导致重新进行首件鉴定。

重复鉴定中的操作与首件鉴定中类似，但一般不会要求破坏试验。重复鉴定应伴随批产制件的生产一起执行，以确定生产中的措施与制造计划中一致，且满足首件鉴定的规定。跟产制件的检验是重要的一环，检验的结果直接决定重复鉴定的成败。

鉴定小组有权提出试样和试验件要求。若有额外的试样和试验件要求，需提前告知制造商，以便制造商完成材料、设备、人员等的准备。

11.3　鉴定小组评估

与首件鉴定不同，重复鉴定不需要鉴定计划，只需要制造商提出重复鉴定的申请。重复鉴定也没有鉴定报告，审核员在末次会上向制造商通报审核情况，并提出审查不符合项。同时，审核员需向鉴定小组反馈重复鉴定的信息。制造商需要关闭不符合项，并提请鉴定小组审核。

鉴定小组在重复鉴定后，应比较完成的数据与首件鉴定数据，并重新计算统计控制值。同时，应审核制造商的纠正措施。所有纠正措施被接受且在生产中实施后，鉴定小组更新制造商的信息，确认下一次重复鉴定的期限。

重复鉴定失败将导致回到首件鉴定。若重复鉴定失败，意味着过程控制不充分，生产不可控。制造商需要重新计算统计控制值，并确立过程控制措施，使生产稳定。

第十二章
复合材料维修的鉴定

当前，复合材料维修缺乏管理，将其纳入鉴定管理才是正确的方式。

由于维修的时效性和环境的特殊性，航空维修厂一直被排除在航空制造体系之外。航空零件的维修一直都是航空器应用的盲点，设计既不知道零件维修后的性能，又不知道维修后产品的使用期限。随着复合材料制件全尺寸耐久性试验和损伤容限试验的进行，维修过程中制件要求的强度和功能已都能够明确。鉴定对于完善复合材料产品维修性能、提升维修质量都有着重要的意义，是产品使用过程中的必要环节。

为了保证制件修复之后能够达到飞行要求，设计对制件修理的要求如下：

(1)应恢复到要求的结构强度、刚度；

(2)应恢复所有功能；

(3)增加的重量应尽可能小；

(4)尽量减小气动外形变化，保证原结构光滑、完整；

(5)根据不同的情况，修理时间限定在一定的范围内；

(6)尽量降低维修成本；

(7)在修理工程中尽量不使周围的结构受到损伤；

(8)应考虑结构损伤或者意外损伤快速修复设计。

航空制件的修理能够达到上述要求吗？至少目前是存疑的。航空维修时有着两个显著的特点：一方面为了兼顾外场修理的要求，操作环境不一定能符合要求，造成制件修理之后的状态未知；另一方面在修理工艺中，涂胶黏结方法的应用多，采用结构修理工艺少，临时性修理多，一旦涉及复杂修理工艺，就换备件。F-18 的修理指南规定，压痕小于 0.4 mm、直径小于 ϕ13 mm 的不用修理；而波音飞机的修理手册就规定，缺陷和损伤超过表面积的 15%，就需要报废，更换备件。修理之后制件的强度也未知，因为相对于理论计算，制件强度会有两个突然跌落：一个是界面脱黏，导致整个修补材料脱落；另一个是修理的微孔洞变为裂纹，并开始扩展。这两个强度的突然下降，导致制件修理的结果存疑。

航空制件的修理工艺方法与制件批产不同，分为拆卸件的修理和不拆卸修理两大类。常用的外场修理方法包括修补仪工艺、临时真空袋工艺、压力真空袋工艺。在这些工艺方法中，修补仪工艺和临时真空袋工艺都只能达到不超过 1 atm(1 atm=101.325 kPa)的工作压力，而压力真空袋法的工作压力也不大，通常不超过 2 atm。压力不足会导致制件内部缺陷增多，力学性能和耐久性降低。

回到最初的问题，能不能使用随炉试板来表征制件的修理性能呢？答案是其只能部分代表制件性能，因为随炉试板与制件的状态是不一致的。举例来说，对比制件上阳极化的表面处理方法与阿洛丁处理方法,剥离强度的数值存在数倍差距,完全不能相提并论。因此,有一个鉴定的方法确定维修的水平是十分必要的。

12.1 航空复合材料维修厂的鉴定

现在的航空维修厂与主机厂一样,也拥有固定的设备和固定的场地,专门从事复合材料损伤的维修、固化。它们在生产中,一般没有固定的产品,即无论什么样的复合材料零件损伤,都只是修理它们。由于没有族代表、典型零件等锚定的生产目标,不能连续从事单一类型的复合材料制件制造、固化的工作,也没有固定的产品用于关键特性的控制,所以也不能全盘引用主机厂的鉴定程序,只能选择典型试片(拉、压、弯、剪)作为鉴定过程的标定物。同时,根据修理的特点,维修厂的关键特性只确定在配胶、涂胶、损伤区域清理、补片裁切与固定、固化等工艺流程中。

根据上述分析,维修厂的鉴定只做工艺能力鉴定和重复鉴定,不做预生产制造、预生产验证、首件鉴定。重复鉴定的过程也只做工艺能力鉴定。工艺鉴定试板包括胶黏剂搭剪强度试板、复合材料拉伸强度和模量(或者用面内剪切强度代替)。工艺鉴定的强度试样选取通常依据设计技术条件而定,例如,目前 T300 碳纤维主要性能选用拉升强度和模量,而到了 T800 系列预浸料,则选用面内剪切强度作为主要性能指标。

由于维修厂根据工程图样和维修手册对复合材料产品进行修理,产品分级、分类、分族的信息也是通过工程图样和维修手册进行传递的。对于维修的复合材料产品,一个族内零件到期,要全体更换。而单独损坏的复合材料零件,损伤情况不一致,只能借鉴损伤容限制定强度指标。

对于损伤的族代表零件,应拆卸下来单独保存,或者送主机厂,或者在规定的时间内进行破坏试验。

维修厂的鉴定同样在鉴定小组的指导下完成,鉴定结果由鉴定小组批准。

12.2 制件修理的评估

尽管维修厂的大多数维修任务都是零散、突发的,但其仍然具备一些工艺方面的共同特征。具体来说,复合材料修补主要分成两大类:胶黏剂操作和预浸料补片操作。操作方法包括填补法、注胶法、镶补法和挖补法。可以依据复合材料

修补的两大基本类型以及修补材料对所有的修理件进行分族，以确定制件修补族代表。这样就可以使用鉴定的方法对制件修补进行评估。也有使用加钉的方式进行结构件修补的方法，即在分层部位打铆钉增加强度，即使这种方法能够达到增加强度的目的，但它也破坏了复合材料原有结构，这里不做讨论。

胶黏剂操作常用于简单损伤或者缺陷的修补，在不拆卸组件的修理中以及飞机外表面损伤中尤其适用。胶黏剂操作通过胶黏剂的试板表征制件修补的质量，试样包括拉伸剪切试样和滚筒剥离试样两种，如图 12.1 所示。

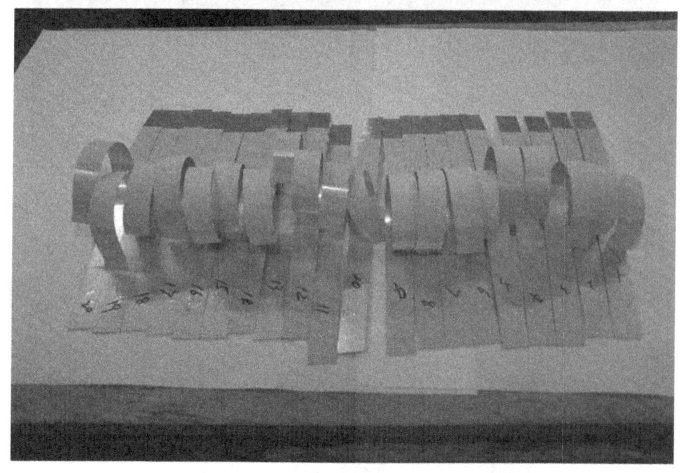

图 12.1　胶黏剂滚筒剥离试样

预浸料补片操作是复合材料制件修补的主要方式，可以作为结构修理方法。修补的步骤是：确定修补范围，使用圆形或者长圆形打磨去除缺陷的铺层，清理去除铺层的表面，铺贴胶膜和补片，抽真空固化，清理和修正修补表面。预浸料修补可以单面修补，也可以双面修补，贯穿伤通常使用两次双面修补的方式。无论修补制件的曲率大小，预浸料修补的随炉试板使用拉伸试样和面内剪切试样（见图 12.2），都使用平面试板代替，修补的大小和层数与制件相同，位于试板中心位置。修补随炉试板以修补中心为基础，切割出随炉试样。

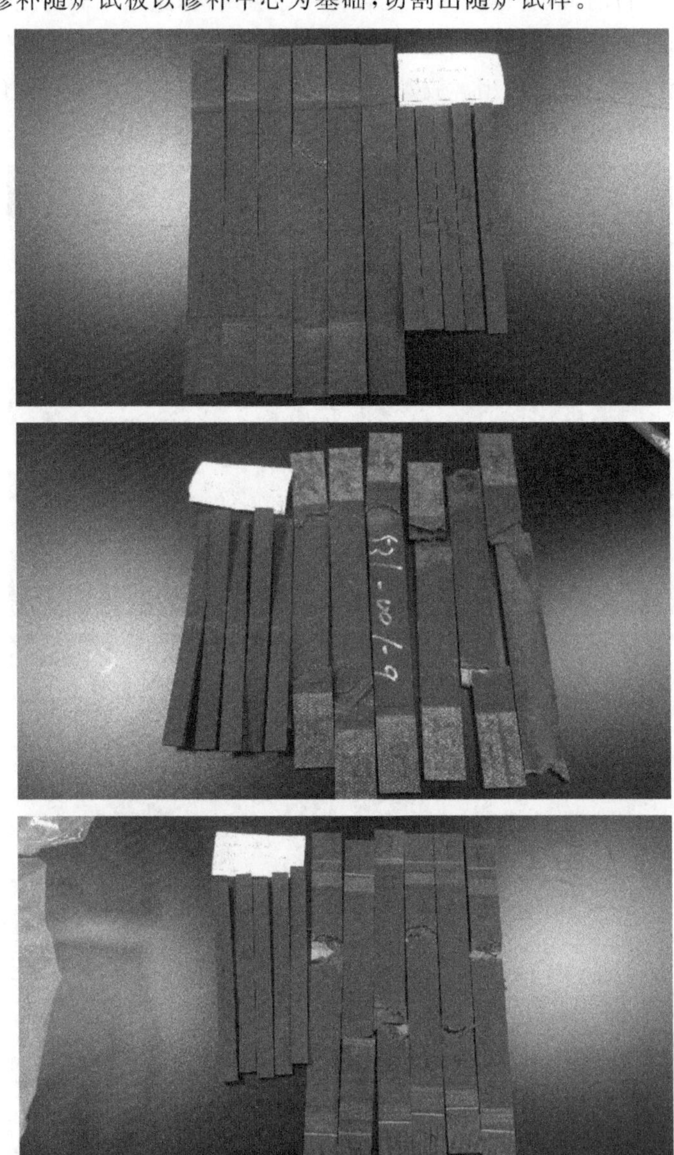

图 12.2　预浸料补片修理的面内剪切和拉伸试样

12.3　制件破坏试验

与首件鉴定中的破坏试验不同,这里破坏试验的对象包括静力试验件、寿命到期件、意外损伤件、试片等。破坏试验提供了材料、结构、强度、耐久性、工艺方法、使用环境等方面重要的验证数据,是鉴定中的关键步骤。

破坏试验的步骤如下:

(1)选择族代表,可以对比制造时的数据。如果没有族代表,也要调取族代表在首件鉴定过程中的记录,供后续破坏过程参考。

(2)无损确定缺陷状况。通常使用 C 扫描和射线两种无损检测方式,确定除损伤部位之外的缺陷状况。

(3)确定剖切部位,包括首件鉴定相同的部位。剖切时,除了金相试样之外,还需要切取强度试样。注意:强度试样的铺层数量和方向与首件鉴定时一致,确保结果具备对比性。试样数据至少为 3 个,已排除测试过程的干扰。

(4)观察缺陷扩展情况。

(5)计算剩余强度。

(6)编制破坏试验报告,汇总两次破坏试验结果,结合复合材料制件的使用状况,形成复合材料制件发展报告。使用破坏试验的结论促进材料的研制,更正设计技术条件,更正强度、耐久性等指标,帮助重新设计结构或者改进制造工艺方法。

制件破坏试验需形成破坏试验报告,内容包括破坏制件的零件号、生产批次号、制件破坏的类型、制件破坏取样图、金相试验结果、强度测试结果、DSC 试验结果、与首件鉴定破坏试验对比印证结果、对工程图样的改进建议、对制造的改进建议等。破坏试验报告应提交到鉴定小组批准。

参考文献

[1] 周储倩,杨卫,方岱宁.金属基复合材料的强度与损伤分析[J].固体力学报,2000,6:161-165.

第十三章
鉴定方法的延伸

复合材料制件制造是特种工艺的一种，适用于复合材料制件制造的鉴定手段同样适用于其他特种工艺制件生产。

与复合材料制件制造不同，某些特种工艺或许只是制造过程中的一些工序，或者只是一些步骤，但它们仍然需要进行最终试验件的破坏，以确定特种工艺的最终质量。焊接断面检查就是典型的例子。

特种工艺是指零组件或者装配件经过严格控制的特定工序处理或者加工而成，用这种方法制造或者加工的产品，会发生物理、化学或者金相变化，不经破坏，无法使用常规检验方法或者仪器设备判明最终质量。国内通常把它们称为特殊过程、冶金工艺，或者新材料、新技术工艺，它们在各个工业生产领域中均有应用，尤其是航空、航天等高科技领域更是如此。特种工艺包括热处理、表面处理、锻造、铸造、焊接、胶接和复合材料制造、特种加工等多种工艺类型，当然也包括密封、粉末冶金、无损检验等材料处理技术。复合材料的制造是特种工艺的一种，复合材料鉴定程序同样适用于其他特种工艺项目的制造。

经过近半个世纪的发展，特种工艺的质量控制已发展出较为完整的控制体系，即生产过程中的控制措施、生产后的检测，以及工艺质量控制体系的保证。尽管有了这些控制措施，但对某些特种工艺，如冷胀工艺，依然会出现残余应力导致疲劳裂纹的问题。这与复合材料制件的制造一样，需要通过鉴定的过程形成制造能力。国内通常把特种工艺鉴定称为特殊过程确认，只是没有一个完整的程序，也没有形成体系。因此，需要研究、建立适用于所有特种工艺过程的特种工艺鉴定体系，使用户能够确定特种工艺生产者的生产能力、工艺能力和生产稳定性水平。复合材料鉴定就是一种这样的体系。

复合材料鉴定程序是一个完备的体系，而特种工艺项目很多，应根据工艺成熟程度、制造商的制造水平、零件的复杂程度对鉴定程序进行调整。

13.1　需要鉴定的原则

鉴定的目的是表明零件/组件在批产的情况下，内部质量符合工程图样的要求，制造工艺操作不会带来不利的影响。所有要求进行鉴定的零件/组件，在安装到飞机上之前，都保证在固化/控制的制造环境中生产。

各种特种工艺的技术成熟度不同，批产中鉴定的需求也不一样。先进工艺（增材制造、陶瓷基复合材料制造、非接触检测等）是必须完成鉴定的，这对提升制造商的制造水平、提升工艺一致性水平、获得稳定的高质量产品有积极的促进作用，但主要还是要获得合格的产品。可以用某质量关键特性（如空隙率、裂纹、纤维体积分数、分层、脱粘、空隙、颗粒尺寸、颗粒结构）来描述某零件的内部质量，并将其作为过程控制的关键特性。工程定义的偏离（包括关键工艺特征）能够损伤材料的性能/材料损伤容限或者零件机械性能，也是关键特性之一。依据制造工艺和/或零件的几何尺寸，关键特征可以被无损检测方法和/或破坏试验，或者重新测试试验项目确定。这些试验项目、工程方法都需要在鉴定过程中实施并固定下来。

产品在航空器上的重要程度也是是否进行鉴定的依据。与复合材料制件的分级、分类一样，产品对航空器性能的影响程度，决定了特种工艺的重要程度，也决定了是否需要进行特种工艺鉴定。设计可以对产品分级，确定其鉴定相关性。

还有一种情况下需要进行鉴定，就是在新的供应商处生产，或者是无航空器生产经验的制造商生产航空器批产零件/组件。在这种情况下，制定生产体系、质量体系是最为重要的工作。可以使用增加鉴定项目、加大样品数量的方式保证鉴定结果的合理性。

13.2 鉴定程序中合格判断的依据

在鉴定过程中，不同的特种工艺项目有不同的证据表明制件合格，具体包括以下几方面：

(1)零件检测的结果符合设计技术条件的要求。检测的项目包括机械性能，物理、化学性能，零件外形、尺寸，无损检测等。

(2)零件满足使用功能的要求，如导电、导热、绝缘、防振、透波、吸波等要求。

(3)零件破坏之后，内部质量达到要求，且与无损结果对照一致。使用破坏方法(显微检测、机械测试、物理/化学测试等)与无损检测相结合，来证明零件达到工程部门(材料和工艺、设计、应力)的要求，且两者相关。

(4)制造指令的冻结状态。

(5)试验的过程(设计和适航的试板和试验件)符合工程部门的要求。

(6)完成鉴定的全部程序。没有进行的程序要有鉴定小组的书面同意。

13.3 制造有效性/成熟度和技术风险评估

特种工艺项目很多，情况千差万别，鉴定项目开始前，应由全面技术风险评估显示是否拥有足够的易用性/成熟度，是否可以直接用于批产。如果易用性/成熟度不够，技术风险很高，鉴定项目组(鉴定项目组领导和所有项目拥有者)应做下列决定：

(1)制订一个减轻风险计划，提起鉴定计划，或者

(2)推迟任何鉴定活动,直至改进活动的推行。

按照表 13.1 确定特种工艺项目风险和风险类别。

表 13.1 风险类型

风险类型	定义	标准	可能值
时间风险	鉴定活动结束时间不符合关门时间	真实鉴定计划的时间与供应商目标日期不对应	高
		真实鉴定计划的时间符合供应商目标日期	低
技术风险	技术上的原因导致鉴定失败	开始生产前,相应零件/族的制造易用性或成熟度不够	高
		没有理由判定“技术风险=高”,就会被判定为低	低

注意:当一个风险项目标注为高时,鉴定项目领导应提供理由。同时,还应制订一个风险降低计划,取得鉴定相关方(例如项目、供应链、制造组织)的同意。

相关方应保证确定的降低风险计划有效。鉴定项目领导监控项目,确保符合要求。

在项目全面周期控制和客户最后期限的基础上制订一个详细的鉴定项目计划。当工程评估中不要求鉴定或者测试报告时,只需要写一个项目计划,并且批准鉴定计划。

风险评估过程中,对零件的复杂程度也应评估,评估的方式与复合材料制件基本一致。表 13.2 列出了复合材料零件/组件复杂程度的例子。

表 13.2 复合材料零件/组件复杂程度的定义

	广义“复杂”的定义	典型金属零件	复合材料典型应用
复杂程度“低”	简单几何(2D)	NA	1. 平的单块层压板结构(包括纤维铝合金层板),采用 100%无损检测 2. 平的夹层结构板件<2 m^2,采用 100%无损检测
复杂程度“高”	复杂几何(3D)零件集成度高	NA	1. 具有高集成度的胶接零件/组件(例如加强筋和加强层组合) 2. 单块零件和胶接组件,物理形状/表面呈复杂三维结构 3. 物理形状/表面复杂三维结构的夹层结构板件

注:NA 表示不适用。

13.4 鉴定项目

并不是所有特种工艺都需要鉴定，鉴定项目也不局限于特种工艺。鉴定过程的实施与否主要看工艺成熟度、制造商的工艺能力，以及零件的重要程度。依照在航空企业中广泛推广的 Nadcap 审核的趋势，冷工艺、测试、检验过程都已被纳入特种审核中，对它们都要实施过程控制。这些控制过程正是鉴定程序完成的工作。从另一个角度来说，凡是需要进行过程控制和统计控制的工艺制造，都需要完成鉴定程序。

本书对飞机制造工艺进行汇总，将所有需要鉴定的工艺过程列在表 13.3 中。

表 13.3　需要完成鉴定的工艺清单

序号	工艺过程	备注
1	焊接	钎焊除外
2	热处理	
3	表面处理	
4	铸造	
5	锻造	
6	复合材料制造	包括胶接
7	增材制造	
8	喷丸成型和喷丸强化	
9	热塑性塑料注射成型	
10	模压成型	
11	激光成型工艺	
12	超塑成型工艺	
13	精磨	
14	复杂制件装配	包括大部件对接
15	电路集成和安装	
16	密封	
17	无损检测	
18	理化测试	
19	特种设备安装	

13.5 鉴定实施

复合材料鉴定体系是为新材料、新工艺定制的，包含研发、制造、使用、验证等要素。对于特种工艺中工艺新颖、制造成熟度不高的项目，可以全盘套用。而在成熟工艺的制造中，鉴定要考虑的因素只是零件与工程图纸的符合性，引用其中制造商的审核部分即可。作为鉴定体系中的关键点，工艺能力鉴定、首件鉴定、重复鉴定是必须要完成的。

鉴定的组织方式与完成形式都可以引用复合材料鉴定的模式。鉴定团队确定鉴定项目，指定鉴定小组(设计＋应力＋制造工程＋材料和工艺专家)。

同复合材料的鉴定实施一样，根据技术成熟度和制造商的制造水平，确定鉴定的实施项目。对零件进行分族，使用族代表完成鉴定，依次完成工艺能力鉴定、预生产制造、预生产验证、首件鉴定、首件检验、重复鉴定。其中只有预生产验证可以视情况取消，其他必须执行。取消的决定权在鉴定小组。

根据鉴定程序要求以及鉴定的难易程度，鉴定方式可以分为三个级别：现场审核、纸面审核、鉴定计划批准。这三种鉴定方式由鉴定小组确定，并且可以依据工艺成熟度协商调整。在鉴定计划批准时，制造商提交的鉴定计划必须明确注明“本鉴定计划不需要实施鉴定”的字样。鉴定小组根据工艺实施状况，做出“批准”或者“不批准”鉴定计划的决定。

同复合材料一样，鉴定小组评估鉴定结果，包括“批准”“不批准”“开放”三种结论。鉴定小组评估完成后，提交鉴定团队审批，由鉴定团队批准鉴定报告。

鉴定结果同时发放给设计部门、制造部门、售后部门。售后部门将相关信息记录在维修手册中。